기초헤어 퍼머넌트와인딩

BASIC HAIR PERMANENT WINDING

구민사

저자약력

김송희 헤어대표

대동대학교 뷰티헤어디자인과 겸임조교수

국가기술자격 미용장, 미용사, 이용사

기초헤어 퍼머넌트와인딩

초판인쇄 2022년 9월 1일
초판발행 2022년 9월 10일

저자 김송희
발행인 조규백
발행처 도서출판 구민사
(07293) 서울특별시 영등포구 문래북로 116, 604호(문래동3가 46, 트리플렉스)
전화 (02) 701-7421(~2)
팩스 (02) 3273-9642
홈페이지 www.kuhminsa.co.kr

신고번호 제 2012-000055호(1980년 2월4일)
ISBN 979-11-6875-059-3(93590)

값 20,000원

기초헤어 퍼머넌트와인딩

저자 김송희

구민사

Fore word

넘쳐나는 정보와 환경 변화에서 전문가가 되어가는 과정 중 미용뷰티헤어에는 여러 가지 종류의 직무과정이 있다. 특히나 미용인문을 위해 헤어를 전공하는 미용 산업에는 산업현장에서 주어진 역할로서 창조적이고 수익성 높은 서비스들로 디자이너가 고객들에게 제공할 수 있는 기술적인 파마와 커트를 익혀야 하고 샴푸 와 드라이, 염색, 올림머리, 헤어타투 또한 각광을 받고 있다. 그 밖에 여러 가지 작업들로 미용분야가 다양해지고 있으며 특히나 퍼머넌트웨이브는 자연적인모발에 물리적인 힘과 화학적 변성시술방법으로 모발의 형태나 구조에 웨이브컬링을 주거나 모발을 펴주어 아름답고 전문적인 특성화된 이미지를 가꾸고자 기술적 디자인 부분을 필요 하는 것이다.

기술적인 부분도 마찬가지이다 누구에게나 첫걸음의 시작하는 마음으로 수없이 배워나아가는 미용기술 또한 몇 번이고 반복연습을 통하여 예습, 복습이 이루어져야만 기본적인 실습과정이 향상되고 현장실무에서도 고객들에게 기술적으로 시술하는데 성장의 밑거름이 될 것이다.

과거에는 현장에 취업을 하게 되면 선배들에게 기술적인 분야 과정을 어깨 넘어로 배우곤 하였으나 현재 21세기 밀레니엄 세대에는 수준 높은 나만의 미래를 창조하는 경제

적 시대에 필요로 하는 기술적인 국가자격증을 취득하는가 하며 미리 숙지하여 본인의 부가가치를 높여 취업하기를 희망한다. 고객들은 지속적인 새로운 스타일로 꾸미기를 원하기 때문에 그러기 위해서는 정보화시대에 창조적이면서도 새로운 걸 꾸준히 노력하여 리드해 나아가는 미용인이 되어가 길을 바래보면서 퍼머넌트웨이브의 가장 기본적이고 기초적인 첫 단계의 내용을 지필 하였다. 본인도 학교에서 헤어를 전공하는 교육자로서 전공자들에게 수업을 가르치지만 짧은 시간에 모든 기술을 능숙하게 익힌 다라는 건 늘 아쉬움이 남게 된다. 그래서 그 부족한 분분을 이 교재를 통하여 언제어디서나 미용을 배우고자 하는 학생들에게 용기 있는 지침서 역할을 드리고자 하여 노력하였으며 많은 도움이 되셨으면 한다,

책을 출판할 수 있도록 용기와 든든한 격려로 아낌없이 배려해주신 조규백 대표님과 나영균 전무님 및 편집에 힘써주신 임직원 여러분들께 감사드립니다.

저자 씀

차례

이론편

PART 1. 퍼머넌트 웨이브 기초이론

PART 2. 퍼머넌트 웨이브의 이해

PART 3. 퍼머넌트 웨이브의 기초기술과정

실기편

PART 4. 퍼머넌트 웨이브 와인딩 기초기술

PART 5. 퍼머넌트 웨이브 창작 와인딩

이론편

PART 1.
퍼머넌트 웨이브 기초이론

서비스업 중심으로 전환되는 전문적인 차원에서 기술적인 향상을 양성하는 구도로서 미용기기와 여러 제품을 활용하여 기술적 산업현장에서 실시되어지고 있는 고객의 취향에 맞는 진단으로 퍼머넌트 웨이브는 모발상태에 따라 화학약품을 사용하여 머리카락의 구조을 바꾸어 두상위치에 따라 머리카락이 풍성한 볼륨을 유지하기도 차분해질 수도 있다. 헤어스타일 이미지 변화를 통하여 이미지 연출을 제공하고 고객의 삶과 질을 높여 만족시킬 수 있도록 하는 것이다.

1. 퍼머넌트 웨이브의 개념

퍼머넌트 웨이브의 개념으로는 여러 가지 다양한 파마로드(rod) 기구를 이용하여 있는 그대로의 자연모발 상태에서 물리적인 방법과 화학적인 시술방법으로 하는 웨이브 파마의 디자인 형태가 머리카락 조직에 형태나 구조를 변화시켜 오랜 기간 동안 유지시켜 주면서 퍼머넌트 웨이브 파마가 어울리도록 구사하는 것이라 할 수 있다.

파마로드에 모발을 감는 것은 균일한 텐션과 배분, 각도가 중요하며 로드크기와 종류에 따라 짧은 모발과 긴 모발 자체의 컬을 만들어내는 다양하면서도 폭넓게 응용 가능한 기법으로서 변화시켜 볼륨과 생동감을 표현하며 두상의 결점을 보완 하고 물리적인 블로 드라이 웨이브 방법과 화학적인 시술로 인하여 고객이 원하는 아름다운 디자인 연출을 진단하여 정확하게 만들어 완성해 나아가는 것이라 할 수 있다.

2. 퍼머넌트 웨이브의 목적

활동 많은 현대적인 사람들은 사회적 진출과 이미지관리가 높아지면서 표현의 자유가 극대화되고 현대화된 모습을 원하면서 다양한 헤어스타일을 선호한다. 헤어스타일의 손질 또한 간편하게 하기 위한 방법으로 모발을 곱게 펴기도 하고 또는 컬링을 만들어 모발이 풍성해 보이려는 사람들이 늘어나고 있다. 트렌드를 주도하는 밀레니얼 세대가 늘어나면서 남성의 퍼머넌트 또한 늘어나고 있는 추세라 볼 수 있으며, 이런 차원에서 고객의 서비스가 이루어지는 것이며 또한 자신의 내적인 욕구를 외적 부분으로 만족시키기 위한 건강하고도 아름다운 헤어스타일을 구상하는 것은 자신의 삶을 높여 당당하고 심리적인 욕구를 만족시켜볼 필요라 할 수 있다.

3. 퍼머넌트 웨이브의 역사

파마의 역사로는 인류의 오래전부터 시작되었다. 기원전 3000년경 고대 이집트 나일강 유역의 마을 사람들이 질척질척한 진흙을 젖은 모발에 바른 후 긴 나무막대에 머리카락을 감아 태양열에 자연 건조하여 웨이브가 만들어지도록 하였던 것으로 본다. 그 밖의 방법으로는 철 막대기에 불을 달구어 머리카락을 돌돌 감아 웨이브를 만들어 좀 더 긴 시간 유지할 수 있게 되었다.

1925년 조셉 메이어(Joseph Mayer)는 모발 끝에서 안쪽으로 와인딩하는 시술 기법이라 할 수 있는 크로키놀식(Croquignole Winding)은 짧은 모발에도 파마가 가능하게 한 것이다.

1936년 영국의 스피크먼에 의해 특수 약품인 아유산 수소나트륨을 이용하여 실온 40도에 의해 시스틴 결합을 절단시켜 웨이브를 완성시키게 되는 콜드웨이브제(Cold Wave)가 연구되어 보급되기 시작하게 된 것이다.

1945년 이후로는 두피 가까운 곳까지 와인딩하여 오랜 기간 파마가 지속될 수 있도록 강하게 나오게 하였으며 미용기술이 부족한 미용사들은 가까운 이웃나라 일본에서 미용기술을 배워 우리나라에도 굵고 가벼운 웨이브, 찰랑거리는 머릿결, 다양한 고객층의 요구사항에 반영하여 여러 스타일이 등장하게 된다.

1965년 런던의 미용사 찰스 네슬러(Charles Nessler)는 알칼리 수용액에 머리카락을 적셔 막대기를 두피 가까운 곳에서부터 모발 끝까지 말아 장시간 열을 가하게 하여 웨이브를 장시간 유지할 수 있는 스파이럴식 와인딩(Spiral Winding) 기법 파마를 발견하게 된다.

4. 모발의 형태와 구조

모발의 형태는 다양한 구조들로서 모양(삼각형. 사각형. 타원형. 원형)과 길고 짧은 길이, 질감적으로 디자인의 차이가 있다. 특히 두피모발을 보호하고자 우리 몸은 자연적으로 각질과 유분이 생성되며 외부환경으로부터 자외선 침입을 막아 보호기능을 가지는 신체의 중금속 배출은 물론이거니와 체온을 조절하는 기능적 역할을 한다.

또한 모발은 경단백질로 이루어져 우리가 음식으로 먹는 김밥과 같은 구조로, 모발횡단면을 살펴보면 모축에 따라 3개의 세포형태로 관찰되는데 바깥쪽 부분으로 부터 모표피(김), 중간층에 위치해 있는 모피질(밥)은 간층물질(매트릭스)로 채워져 있는데 간층물질은 친수성으로 화학적 시술(파마, 염색)과 관계가 있으며 정중앙에 모수질(각종 야채)를 연상하면 된다. 김밥 속의 내용물이 중요하듯이 모발구조 세포형태 또한 제각각의 역할이 있다. 모발은 두피 바깥쪽으로 나와 있는 모간(Hair Shaft)은 모표피, 모피질, 모수질의 3겹으로 구성되어 있으며 두피 속의 모근(Hair Root)으로는 모유두, 모낭, 피지선, 입모근, 땀샘 등이 있다.

1) 모간

두피 바깥층으로 나와 있는 모발을 모간이라 한다. 모간은 한번 손상된 모발은 죽어있는 모발과 같기 때문에 원래의 상태로 돌아간다는 건 불확실하다.

머리카락은 인종, 나이, 강도, 탄력 등 건강상태에 따라 성장속도가 달라지면서 모표피, 모피질, 모수질로 나누어진다.

(1) 모표피(Cuticle)

모발가장 바깥층으로 동양인 5~15층, 서양인 표피는 20층으로 생선비늘 층의 모양으로 겹쳐져 외부환경으로부터 보호하며 물리적인 저항이 약하나 화학적인 저항이 강한 층으로 털의 표면이 0.5~1.0mm 세포의 두께로 시술 등에 있어 침투가 어려워 오랜 시간이 소요된다.

(2) 모피질(Cortex)

모발의 성질 중 가장 많은 비중을 차지하며 모표피와 모수질 중간층에 존재하며 전체 모발의 80~ 90%를 차지한다, 섬유 사이에 간층물질로 화학적인 성질이 약하여 친수성으로 퍼머넌트와 헤어 컬러의 시술이 이루어진다.

(3) 모수질(Medella)

모발내부의 중심부 위치에 모피질보다 시스틴함량이 적고 다각형 세포로 벌집모양으로 부드럽고 연한 모발에는 직경 0.07mm 모수질이 거의 없다. 모수질이 적은 모발은 파마의 형성이 이루어지기 어렵다.

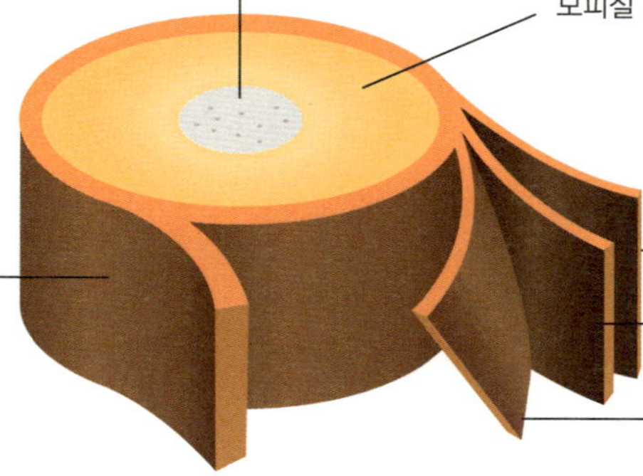

[그림 1-1] 모표피의 구조

2) 모근

두피 속 모근은 피부조직구조로부터 90% 이상을 차지하고 있으며 모근은 세포분열이 활발하고 영양과 산소를 흡수하여 모유두에 모세혈관과 주변 여러 구조들로 인하여 모발이 건강하게 자라날 때까지 환경을 만들어 보호하는 역할을 하게 된다. 모근의 부속기관으로 망상층(콜라겐, 엘라스틴)이 파괴되면 피부노화의 원인이 된다.

(1) 모유두

모유두는 모세혈관과 자율신경이 분포되어 피부 안에 영양과 산소를 공급하여 머리카락이 자라날 수 있도록 한다.

(2) 모낭

내모근초와 외모근초가 있는 모낭은 손바닥, 발바닥, 손가락, 점막 피부경계를 제외한 전 피부에 분포되어 있다.

(3) 피지선

피지선은 모낭 벽 위치에 존재하며 이마와 코 주변과 두피에 피지가 가장 많이 분포되어 있다. 때로는 과다한 피지 분비로 모공이 막혀 뾰루지와 염증의 부작용으로 머리카락이 빠지는 증세가 나타나지만 적당한 피지 분비는 두피와 모발을 보호하기도 한다.

(4) 입모근

추위나 공포를 느꼈을 때 근육이 자신의 의지와 상관없이 신체의 털이 직선으로 뻗치는 것을 말한다.

(5) 땀샘

진피아랫부분 피하지방 사이에 분포하며 땀샘이 땀구멍을 통한 체외로 배출하는 기관으로 손바닥, 발바닥, 겨드랑이는 분포하지만 존재하지 않은 곳으로는 입술의 경계부, 귀 두부, 손발톱에는 존재하지 않는다. 여성이 남성보다 아포크린땀샘 분포 밀도가 75% 정도가 높고 건강할수록 땀은 하루에 500~600cc 정도 분비된다.

5. 모발의 성장

두발의 성장 주기로는 모낭 속 모발가닥에 따라 독립적으로 건강, 연령, 성별, 유전, 계절적인 특성에 따라 머리카락의 수와 굵고 가는 탄력 정도의 차이가 다르며 태어날 때부터 모발의 수와 모낭이 결정되기도 한다.

한 달에 평균적으로 1~1.5cm의 모발이 자라며 사람의 모발수는 전체 두발의 10~15만 개로 일생 동안 두발이 빠지고 자라나기를 반복하며 성장기, 퇴화기, 휴지기, 발생기로 결정된다.

1) 성장기

두발전체 80~90% 비율로 포함되어 있으며 성장수명으로 3~6년, 하루성장속도는 0.2~0.5mm 자라나고 있다.

2) 퇴화기

전체 두발의 1% 포함으로 수명은 1~1.5개월 정도 해당되며 에스트로겐 부족으로 휴지기로 바로 넘어가는 특성이 있다.

3) 휴지기

일정기간 동안 성장이 멈추는 단계로 전체 두발 10~15% 산모에게는 약 30%에 해당된다.

4) 발생기

모구부와 모유두가 새로 결합하여 세포분열이 다시 시작단계로 모발이 성장하게 되며 휴지기에 남아있던 모발이 새로운 머리카락에 밀려 올라오면서 자연스럽게 빠지는 현상은 평생 동안 주기적으로 반복하게 된다.

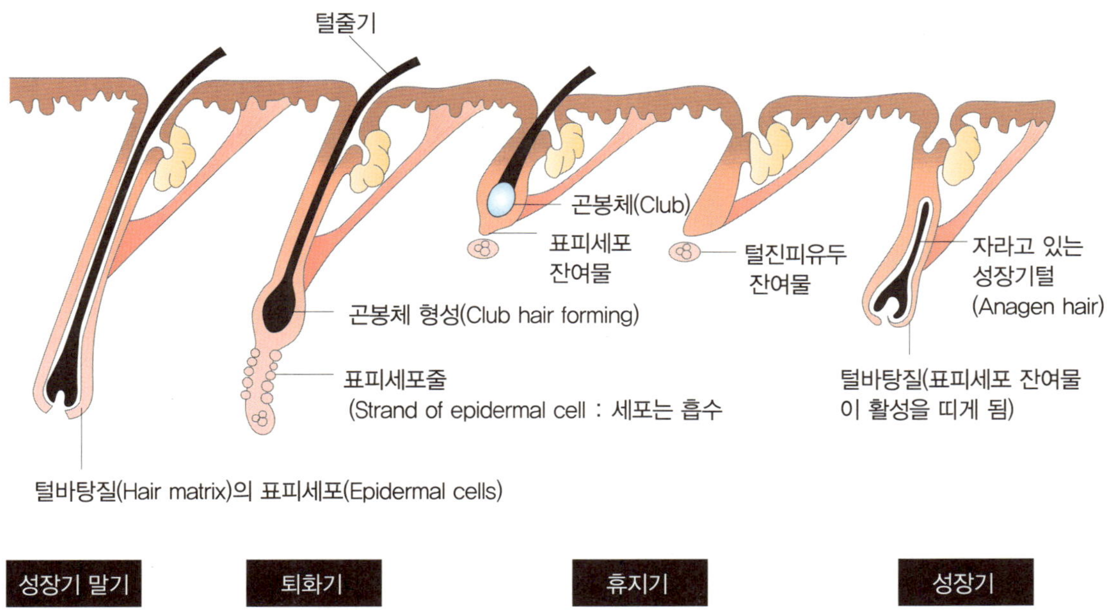

[그림 1-2 모발 성장주기]

6. 모발의 성질

사람의 모발은 피부에서 형성된 조직들로 구성되어 외부환경으로부터 신체를 보호하는 기능을 가지며 중금속들을 바깥으로 배출하는 역할을 한다. 물리적인 요소로는 모발이 태양광선으로부터 노출이 되어 케라틴 단백질이 손실되고 열 변성을 입어 손상을 가할 수 있다. 열 드라이어를 사용할 경우 전후로 모발 보호제를 도포하여야 한다. 모발의 표피는 자체수분이 10~15% 정도 함유하고 있어야 한다. 모발은 하루일과 중 밤에 더 빨리 자라나는 성격을 띠고 있으므로 샴푸를 할 경우 아침에 하는 것보다는 하루일과를 마친 저녁에 두피모발을 깨끗하게 세정하여 밤새 건강한 머리카락이 자라날 수 있도록 영양과 보습으로 꾸준한 관리 환경을 만들어 주어야 한다.

1) 모발의 pH

모발의 pH 등전점은 4.5~5.5로, 이 수치가 건강모발에 가깝다. 즉 pH는 수소이온용액이 산성, 중성, 알칼리성을 측정하는 단위로 숫자의 눈금을 표기하는 것으로 0~14까지 7를 중성이라 한다.

숫자가 낮으면 강산성으로 단백질이 수축되어 딱딱하게 되며 pH 10 이상일 경우 강알칼리로서 모발이 팽윤연화 되어 흐느적거리며 모발이 손상의 요인이 된다.

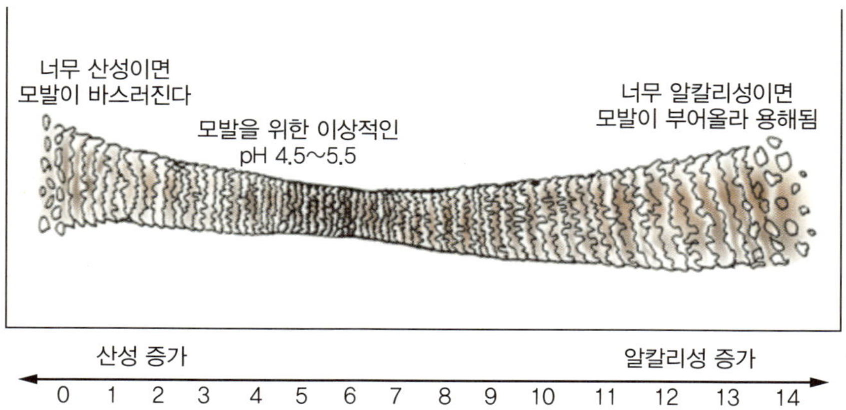

[그림 1-3 모발 pH]

2) 모발의 탄력성

모발성질의 기본적 폴리펩티드 사슬 중 a- 나선구조와 b-병풍구조로 이루어져 있으며 모발구조 a케라틴을 외부로 잡아당겨 힘을 가하게 되면 b케라틴구조로 늘어난다. 다시 힘을 빼게 되면 원래의 상태로 되돌아가려는 성질이 있다. 또한 수분이 젖은 상태 늘어나는 힘은 50~60%까지도 늘어나며 건강한 모발일수록 20~30%까지 늘어난다.

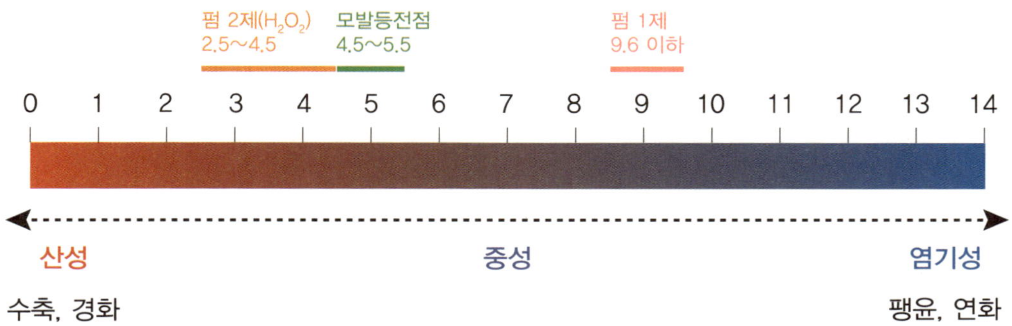

[그림 1-4] pH에 따른 모발 변화

3) 모발의 인장강도

모발에 힘을 가해 끌어당겼을 경우 점차적으로 양쪽으로 늘어나게 되는데 정상적인 힘의 강도는 끊어질 때까지 견디는 힘은 150g 이하의 힘이 필요하며 모발의 굵기와 환경에 따라 각각 다르다.

모발의 하루 탈모 양은 약 80~100개 정도로 정상의 범위라 할 수 있으며 하루성장 길이는 약 0.3~0.4mm, 모발 굵기는 약 0.08mm, 모발총수는 약 10만~12만 개가 존재한다.

4) 모발의 굵기

신생아 어린아이에게 대부분 피부를 덮고 있는 솜털의 연모에는 0.08mm 이하로 가늘고 색소와 모수질이 거의 없는 것으로 보여진다.

연모가 점점 성장하면서 호르몬의 변화로 사춘기 때에는 경모화가 되면서 멜라닌색소와 모피질은 90% 차지하고 있다.

경모에는 눈썹, 코털, 두발과 수염 등이며 연모는 배냇머리, 얼굴과 전신에 분포되어 있다.

5) 모발의 수분

모발 내 수분이 부족하게 되면 모발이 푸석하고 정전기 발생이 생기게 된다.

곱슬 모발은 물리적인 방법으로 곱게 펴주어도 모발에 수분을 흡수하게 되면 처음 상태로 되돌아오면서 다시 곱슬 모발이 된다. 건강한 모발일수록 15% 정도 수분을 함유하고 있으며 샴푸 직후도 30%, 손상모 또는 건조한 모발이라도 10%의 수분을 보존하고 있어야 한다.

6) 모발의 다공성

다공성 모발의 자가진단방법으로 모발 몇 가닥을 집어 손가락을 이용하여 위에서 아래로 긁었을 때 쉽게 모근 가까운 곳에 부풀러 내려가진다면 다공성 모발에 가깝다고 판단되어진다.

모발은 45도 이상에서 변성이 시작되는데 물리적인 방법, 즉 블로 드라이어로 열을 가한다든가 화학적인 시술 파마와 염색 잘못된 시술방법 등을 행했을 때 간충물질이 소실되어 밖으로 유출되면서 모발표면에 구멍이 뚫린 형태가 된다.

7. 모발형태의 종류

모발은 18종류 아미노산으로 경단백질로 구성되어져 있으며 모근을 감싸는 모낭의 형태는 모발단면에 따른 원형, 타원형, 편형의 3종류로 구분된다. 형태와 모질이 개인마다 차이를 보이며, 사춘기 전으로 직모였던 모발이 사춘기를 지나면서 곱슬머리로 변하기도 하며 더 나아가서는 모발이 노화가 되면서 서서히 반곱슬 모발이 되기도 한다.

1) 직모(Straight hair)

직모는 동양사람에게서 대부분 높은 비율을 차지하며 웨이브가 없는 직선형으로 정상적인 원형에 가깝다. 모경지수는 75~85이다.

2) 곡모(Wavy hair)

웨이브가 약간 구부러져있으며 반곱슬 또는 곡모라고도 한다. 현미경으로 관찰된 횡단면은 타원형에 가까우며 주로 모낭의 피부표면으로부터 비스듬하게 누워져 있으며 서양인 백인종들에게 볼 수 있다. 모경지수는 60~75이다.

3) 축모(Curly hair)

축모 또는 곱슬모발은 선천성 또는 유전적인 요인에 가까우며 횡단면이 편평한 형태로 모낭이 굽어진 축모는 모근을 감싸는 모낭의 형태가 많이 구부러져 있다. 흑인종에게 많이 볼 수 있다. 모경지수는 50~60이다.

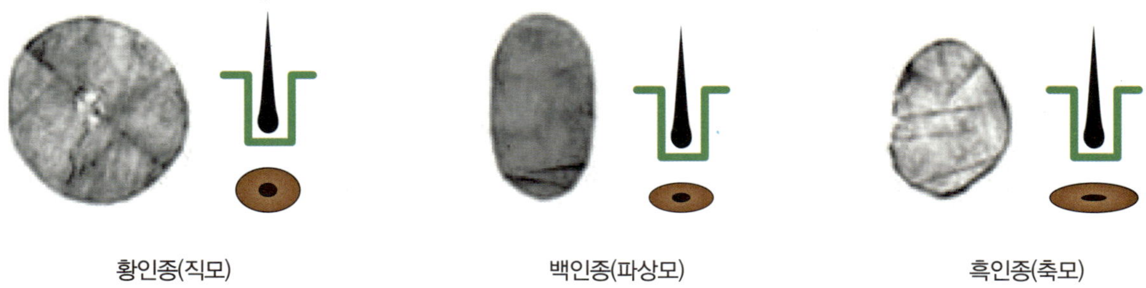

[그림 1-5 모발 형태의 종류]

PART 2.
퍼머넌트 웨이브의 이해

화학적 파마 제가 등장하기 전까지 과거에는 물리적인 시술방법으로 일시적 퍼머넌트 웨이브를 창안하였다. 수많은 시행착오를 오랜 기간 걸쳐 그 후로는 다양한 퍼머넌트 웨이브가 등장하였을 뿐만 아니라 곱슬머리를 곱게 펴주는 역할도 하게 되어 다양한 연령층들의 요구사항을 반영하여 모발의 상태, 구조, 모양 등을 변화시키는 것이 퍼머넌트 웨이브가 되었다.

과거에는 강하게 웨이브를 만들어 오랜 기간 지속될 수 있도록 할머니와 어머니들이 많이 하셨던 아줌마 뽀글이 파마가 유일한 퍼머넌트였다. 파마 개발 초기에는 치오를 주로 사용하였으며 모발손상 발생으로 단점을 줄이고 시스테인 식물유래 성분으로 개발되면서 70년대부터 원료들이 개발되어 제품화되고 있다.

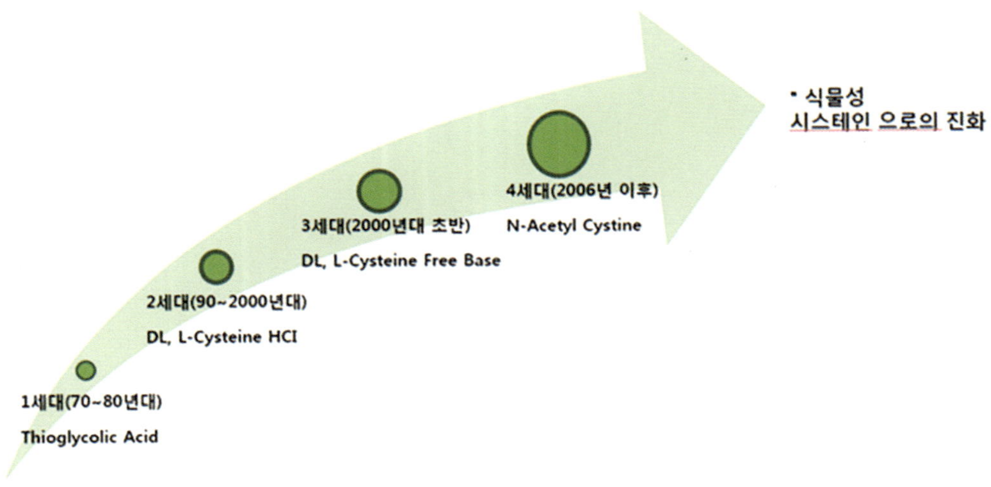

[그림 2-1] 파마의 원료진화

1. 모발의 화학적 결합

모발의 아미노산 종류로는 산성아미노산(글루타민산, 아스파라긴산), 중성아미노산 (알라닌, 글리신, 이소류신, 메티오닌, 류신, 시스틴, 프로린, 트립토판, 티로신, 페닐알라닌, 발린, 트레오닌, 세린), 염기성 아미노산(리신, 아르기닌, 히스티딘)으로 총18종류로 구성되어 케라틴 단백질 80~90%를 차지하고 모근세포 조직들로부터 영양분을 흡수하여 단백질 원료로 사용하고 있다.

아미노산 18가지 중 카르복실기와 아미노기가 결합하는 것을 펩티드결합이라 하며 모발의 측쇄결합 중 퍼머넌트 웨이브를 완성하는 데 있어 파마1제를 사용하여 가장 강한 결합인 시스틴결합을 절단시켜 2제를 도포함으로써 새로운 퍼머넌트 웨이브가 고정되는 과정이라 할 수 있다.

1) 주쇄결합

케라틴을 잘게 부수게 되면 산성아미노산(−COOH)이 염기성아미노산(−NH2)이 되는데 이들이 서로 만나 펩티드를 결성하여 폴리펩티드를 길게 연결하여 일정하게 이루고 있다.

2) 측쇄결합

폴리펩타이드가 가지고 있는 측쇄와 인접한 수소결합, 시스틴결합, 이온결합, 펩티드결합으로 서로 연결되어 있다.

(1) 시스틴 결합

측쇄결합 중 가장 강한 결합으로 화학적인 성질을 이용한 열, 알칼리, 환원제에 의해서 절단이 이루어진다.

(2) 이온결합

모발의 pH4.5~5.5(등전점)에서는 강하지만 등전점에서 멀어질수록 알칼리성 또는 산성에서는 약한 결합으로 이온결합이 절단되어 화학적 시술에 대한 반응으로 늘어졌던 구조들이 다시 본래의 상태로 돌아가려는 성질이 있다.

(3) 수소결합

모발에 수분이 있을 때 수소결합을 절단시켜 새로운 구조들을 이용하여 변형을 준 다음 모발수분을 건조시키게 되면 끊어졌던 수소결합이 다시 재결합하면서 새로운 형태로 이루어지는데, 이것이 바로 블로 드라이, 아이롱 및 헤어 롤 세팅이다.

(4) 펩타이드 결합

단백질을 구성하는 주쇄와 같은 강한 결합 방식으로 아미노산의 카르복실기와 또 다른 아미노산의 아미노기가 탈수되면서 (−CO−NH−) 연결된 강한 결합이 펩티드 결합이라고 한다.

2. 퍼머넌트 웨이브의 원리

웨이브를 형성해주는 파마1제를 자연 상태의 머리카락에 도포하여 화학적인 방법으로 힘을 가하게 하여 변형시키면서 모발의 쇠사슬구조의 일부가 변형되어 각 폴리펩타이드 구조가 지그재그 상태로 변하는데 파마의 원리로 알칼리 성분에 의해 모발의 결합을 제거하는 결합된 구조 조직들이 모발을 팽윤시켜 시스틴 결합이 절단되어 결합들이 멀어지고 변화가 이루어지면서 환원 작용하는 역할들로 로드의 종류, 크기, 형태, 모발 길이에 따라 늘어나고 힘을 빼면 원래의 상태로 되돌아가는데 2제를 투입하면 새로운 구조로 바뀌면서 모발의 웨이브를 만들거나 반대로 웨이브머리를 곱게 생머리로 펴주기도 한다.

수분을 함유한 모발은 건조한 모발보다 더 잘 변형되기 때문에 이런 특성을 이용하여 지속적인 웨이브를 만드는 것이 바로 파마이다.

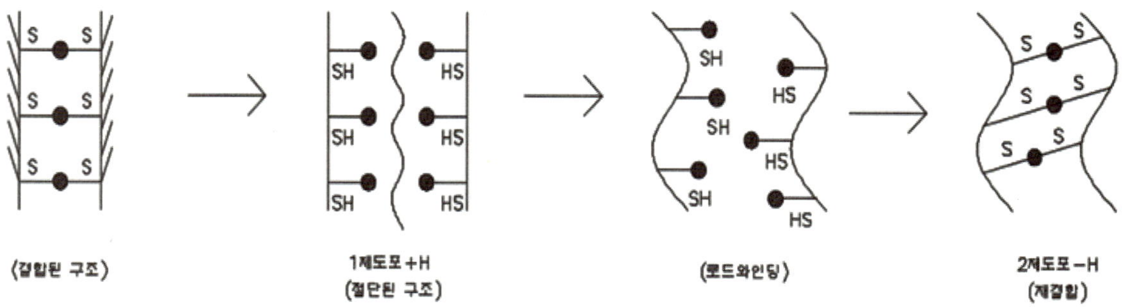

[그림 2-2] 웨이브의 원리

1) 환원제

알칼리 성분에 의해서 파마의 결정적인 역할을 할 수 있는 주성분으로 티오글리콜산(Thioglycolic acid)과 시스테인(Cysteine) 결합들의 절단이 이루어지면서 모발은 연화, 팽윤된다. 티오글리콜산(Thioglycolic acid)의 저항이 강한 경모, 발수성모발에 쉽게 침투하여 각각의 구조의 절단으로 케라틴모발의 시스틴 결합을 가운데 가장 많이 포함되어있는 결합을 끊는 기능으로 다시 환원시켜 변형을 유도하고 화학약품의 작용으로 시술 시간이 단축 가능하면서 S컬이 강한 웨이브가 이루어지는 것이다.

반면, 시스테인은 알칼리제의 작용으로 모발 팽윤이 58% 연화되어 시스틴 결합(S-S)들이 부분적으로 절단되어 수소원자와 각각 결합되어 시스테인(-HS SH-)을 만들어 길이가 늘어나 새로운 케라틴의 상태로 바뀌게 된다.

(표 1-1) 파마1제의 환원 작용 특징

구분	티오글리콜산 (Thiogly Colicacid)	시스테인 (Cysteine)
모발팽윤	70%	58%
pH	9.4	9.1
손상도	많다	적다
작용시간	길다	짧다
냄새	강하다	강하지 않다
선호도	적다	많다
환원작용	강하다	약하다

$$\mathrm{I - S{-}S{-}\ I + 2HSCH_2COOH \rightarrow I\ {-}SH\ HS{-}\ I + S{-}CH_2COOH\ I\ S{-}CH_2COOH}$$

(시스틴결합) (티오글리콜산) (시스테인) (디티오글리콜산)

↓ ↓ ↓

a케라틴 → 수소(H)공급 → B케라틴

[그림 2-3] 1제 환원제 도포

2) 산화2제

1제의 환원 작용에 의해서 절단된 시스틴결합을 산화 2제의 도포로 재결합시켜 원래의 상태로 돌아가는 새로운 파마 웨이브의 구조로 바꿔주는 시스틴결합과 염 결합을 끊어서 재결합시키는 역할을 담당한다.

중화제는 크게 3가지로 볼 수 있으며 브롬산칼륨($KBrO_3$), 브롬산나트륨($NaBrO_3$), 과산화수소(H_2O_2)가 있다.

2제 보조성분으로 pH조절제, 정제수, 컨디셔닝제, 향료, 보존제, 글리세린, 하이드로젠퍼옥사이드, 소듐클로라이드 등이 있다. 주로 80~90% 과산화수소는 서양에서 많이 사용하고 있으며 10~20%가 취소산 염료로 동양권에서 사용되고 있다.

보관법으로는 섭씨 15도 이하의 어두운 장소에 보관하고 색이 변하거나 침전된 경우에는 사용하지 말아야 하며 사용부위가 붉은 반점 부어오름 또는 가려움증 등의 이상증상이나 부작용 시 전문의 상담을 받아야 한다.

2제(늘어난 모발) I −SH HS− I → I S−S I + H_2O

B케라틴 → (산소 O_2) a케라틴

[그림 2-4] 2제 산화제 도포

늘어나 있는 모발에 2제를 도포함으로써 모발 내부의 시스테인이 (−SH HS−)이 시스틴 (−SS− + H_2O)결합으로 원래의 상태로 돌아가는 새로운 형태의 구조가 되는 것이다.

(1) 과산화수소

과산화수소(H_2O_2)는 pH2.3~3.5로 브롬산염류에 비하여 산화력이 강하여 1회 도포 후 10분 방치하며 적용시간이 빠르고 산화력이 강하다. 열펌시술(세팅, 아이론, 매직)에 주로 사용하는 것으로 모발 손상도가 있다.

주성분이 과산화수소인 제품은 중화 시 머리카락이 이 갈색으로 변할 수 있으므로 로드 제거 후 산화제가 남아 있지 않도록 미온수로 충분히 헹구어준다.

(2) 브롬산 염류

브롬산칼륨(KBro3)과 브롬산 나트륨(NaBro3) pH5~7, 적용시간이 느려 산화력이 약 하며 상대적으로 피부자극이 적다. 중화도포7분 간격으로 2회 도포하는 상온에서 물에 잘

녹아 2제의 처리시간이 짧으며 일반펌제에 많이 사용한다. 중화제를 모발에 도포 시 얼굴과손 두피로 흘러내리지 않도록 각별히 주의하여야 하며 얼굴과 피부 등에 약액이 묻었을 경우 즉시 물로 씻어내어야 한다.

(3) 액상

일반펌과 열펌(S컬 웨이브)에 많이 사용하는 것으로 2제의 액상타입은 점성이 낮아 시술 부주의로 양을 많이 하거나 숱이 적은 모발에 중화 시 흘러내리는 단점도 있으나 모발에 흡수력이 높아 간편하게 사용되고 있다.

(4) 크림

매직스트레이트 또는 롤스트레이트에 필요시 로드를 풀어 중화를 할 경우 점성이 묽은 크림타입은 모발에 머물러 고정시킬 때 사용하다. 많은 양을 사용 시 크림타입은 액상보다 무거운 점성으로 웨이브 S컬에 사용 시 늘어지는 현상이 있으므로 주의한다. 또한 크림타입의 약액이 모발에 머물러 액상에 비해 강한 고정력은 있으나 손상도가 높다.

(5) 거품

액상타입의 중화제를 거품기계를 이용하여 거품을 만들어서 퍼머넌트 웨이브(스트레이트, 웨이브)에 사용하는 것으로 초보자에게도 사용이 편리하나 모발에 침투력이 지연될 수 있으므로 반복 중화를 2회하는 것도 적용된다.

3. 일반펌

파마의 종류로는 가온방식에 따른 일반펌, 열펌(직화. 연화, 디지털, 세팅, 아이론 등)로 나눠진다. 일반펌은 대체로 수분이 촉촉하게 있는 상태에서 로드와인딩하여 절단되었던 결합들을 다시 S-S의 구조로 재결합시키는 파마로, 수분을 함유하고 있을 때 컬이 많이 생기는 특징이라면 열펌은 직접적인 모발구조에 열을 가해서 수분을 말려줌으로써 변형된 새로운 구조형태라 할 수 있다.

즉 두상에 있는 머리카락에 열을 가하여 물리적, 화학적인 시술방법을 이용하여 웨이브를 완성시키는 시술로 알칼리 파마제에 따라 직파마, 연화파마로 분리된다.

4. 직화펌

알칼리 파마1제를 모발에 도포하여 열의 공급으로 로드 와인딩 후 파마제가 도포상태에서 열처리를 따로 하지 않아도 시스틴결합 절단과 열기구를 이용하여 수소결합이 동시에 적용되어 직접 열을 가하는 방법으로 파마 시술이 빠른 시간이 단축되며 부드러우면서 탄력 있는 웨이브스타일을 표현할 수 있다.

5. 연화 파마

파마1제 전처리로 퍼머넌트 웨이브 시술 시 어렵다고 판단되어진 버진헤어, 저항성모, 발수성모발에 알칼리 파마제를 도포하여 사전에 연화시키는 방법으로 1제가 원활하게 침투할 수 있도록 열처리 등 환경을 만들어 주어 일정시간이 지나면 연화테스트 방법으로 모발을 잡아당겼을 때 2~3cm 이상 늘어났을 경우 알칼리제를 미지근한 물에 헹궈낸 후 흘러내리는 물기를 제거 조절하여 모발 보호제(헤어 트리트먼트, PPT)로 단백질 보충을 위해 도포한 후 세팅파마, 디지털파마, 매직스트레이트, 아이론 파마 등을 시술한다.

[표1-2] 일반펌과 열펌의 차이점

종류	일반펌	열펌
장점	- 두피까지 로드와인딩 - 시간이 짧고 시술하기 편리함 - 강한 컬링 웨이브 - 손상도 낮음 - 초보자 시술가능 - 짧은 머리 시술용의	- 웨이브가 자연스럽고 탄력성 유지 - 손질하기 편리하며 시간 단축 - 시간이 지나도 지속적인 컬링 유지 - 손상도 높음 - 긴 모발 와인딩 용의
단점	- 유지기간이 짧다. - 컬링이 풀리면 모발이 부스스함 - 컬링 풀린 모발의 큐티클 손상 - 탄력성 저하 - 수분유지상태 컬링 고정 - 긴 모발 시술 어려움	- 유지기간 길다. - 두피 가까운 곳까지 와인딩 어려움 - 숙련된 기술 요망 - 손상도 높음 - 수분이 없어야 컬링고정 - 짧은 모발 시술 불가
차이점	- 시술한 후에도 수분이 적당이 있는 상태에 자연 건조하여 웨이브 컬 유지 - 수분이 있는 상태 헤어 젤 사용	- 수분이 건조되어야 자연스러운 웨이브 컬 유지 - 수분 건조 후 헤어에센스 사용

6. 파마제의 사용방법

파마를 하기 위해서 사전모발진단과 원하는 헤어스타일을 고려하여 약제를 선정한다, 파마1제에는 1욕법과 2욕법, 3욕법이 있으나 미용 산업현장에서 많이 사용되고 있는 것은 2욕법과 3욕법이 있다.

$$-\text{H S S H}- \quad \rightarrow \quad \text{S}-\text{S} + H_2O$$

[시스테인] [시스틴]

1) 1욕법(one step wave)

1욕법 콜드 웨이브는 산화2제를 사용하지 않고 1제 환원작용만 사용하는 것으로 원스텝 웨이브라고 한다. 1제 환원제를 로드 와인딩 모발에 도포하여 열처리 또는 자연건조 뒤 일정 시간이 지나면 미지근한 물로 알칼리성 화학제를 세정하여 물기를 닦거나 말려 로드 제거하는 것으로 2제를 도포하지 않아도 산화를 공기 중 산소에 의해 서서히 자연 산화 되어 시스테인 구조가 시스틴은 재결합시켜 퍼머넌트 웨이브가 만들어진다. 일반적으로 티오글리콜산 용도가 낮아 퍼머넌트 웨이브 형성이 느슨하며 약하다.

2) 2욕법(two step wave)

1제 환원제와 산화 2제 두 종류로 티오글리콜산과 시스테인 주성분으로 하는 2욕법은 실무현장에서 가장 많이 사용하는 파마제이다. 1제 알칼리성 약제에는 크림타입과 액상으로 나누어진다. 1제의 시스테인절단과 2제 산화작용으로 시스틴으로 재결합되는 방법이다.

3) 3욕법(three step wave)

전 처리제로 사용되는 특수 활성1제, 환원2제, 산화3제, 3가지 단계가 있다. 모발이 굵고 모표피가 촘촘한 발수성 손상 모발에 1액을 도포하여 모발 팽윤연화시켜 2액의 환원작용으로 절단된 결합을 새로운 웨이브를 만들어가는 과정으로 3액을 도포하는 2욕법이 산화역할이라 할 수 있다.

7. 퍼머넌트 웨이브의 사용도구 및 특징

① 로드 : 일반로드 크기는 1~12호까지 있으며 일반펌할 때 사용도구로 모발길이, 모발 양에 따라 구분되어 사용되며 굵은 로드 1호부터 작은 로드 12호는 점점 가늘어지면서 숫자는 올라간다. 세라믹과 플라스틱 등의 재질을 사용한다.

② 스트레이트 판 : 곱슬 모발에 스트레이트 패널을 고정하여 생머리로 펴주는 받침역할을 한다.

③ 꼬리 빗 : 블로킹, 섹션, 빗질할 때 모발을 가지런하게 결을 정리하여 주며 로드 와인딩하기 용이하도록 하는 역할이다. 꼬리 빗을 사용할 때에는 두피에 불편함이 없도록 주의가 필요하다.

④ 페이퍼 : 파마지 또는 파지라고도 한다. 퍼머넌트 시술 시 모발 끝 부분에 결을 고정하며 로드 와인딩할 때 모발이 로드에 감겨들어가도록 끝부분이 빠져 나오는 것을 방지한다.

⑤ 고무 밴드 : 퍼머넌트 와인딩한 후 모발이 풀리지 않도록 밴드로 모발 고정하며 고무밴드가 자국이나 모발이 꺾이지 않도록 주의한다.

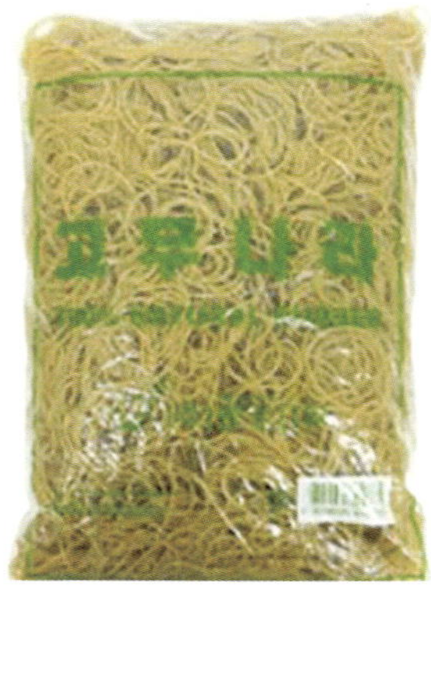

⑥ 헤어밴드 : 퍼머넌트 와인딩 작업이 끝난 직후 파마1제와 중화2제가 두상으로부터 흘러내림을 방지하기 위해서 헤어라인에 따라 고정한다.

⑦ 비닐 캡 : 퍼머넌트 와인딩하여 공기 중 산화 방지와 일정온도 유지로 화학적 작용에 의해 건조방지로 활용한다.

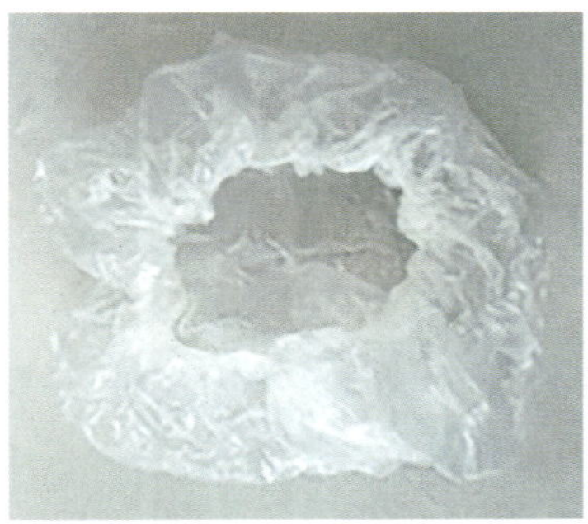

⑧ 파마 보 : 파마 제 및 중화시술 시 흘러내리는 것으로 고객의 옷을 보호하고 방수가 되는 재질을 사용하여야 한다.

⑨ 미용장갑 : 화학적인 시술 과정 때 시술자의 손을 보호하면서 미끄러움을 방지한다.

⑩ 중화 받침대 : 중화제 도포 시 고객의 의상을 보호하고 흘러내리는 것을 방지한다.

⑪ 전기모자 : 전기모자는 열을 발생시켜 화학약품의 촉진을 돕기 위한 연화시킬 때 로드 와인딩 후 열처리 사용과 시간을 단축시켜준다.

⑫ 핀셋 : 블로킹이나 섹션을 나누어 모발을 고정할 때 시술 시 편리하도록 사용한다.

⑬ 분무기(Water spray) : 건조한 모발에 수분을 보충하기 위해 분사하는 용도로 사용한다.

⑭ 타이머 : 원하는 시간을 설정하여 소리로 알려주는 역할을 한다.

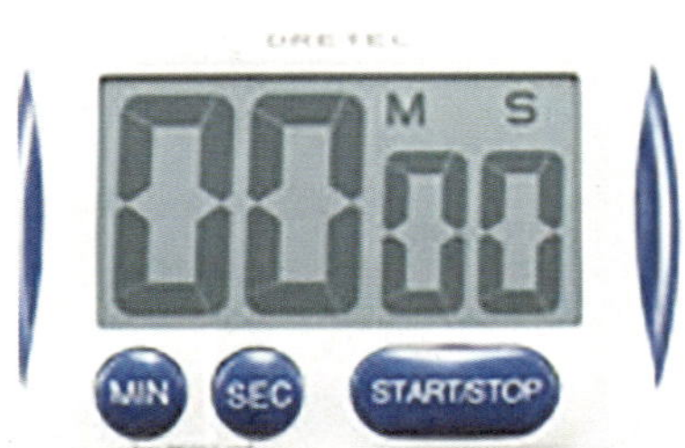

⑮ 공병 : 파마 1제를 필요한양 만큼 덜어 사용 하며 바닥에 떨어졌을 경우 깨지지 않는 플라스틱재질로 사용

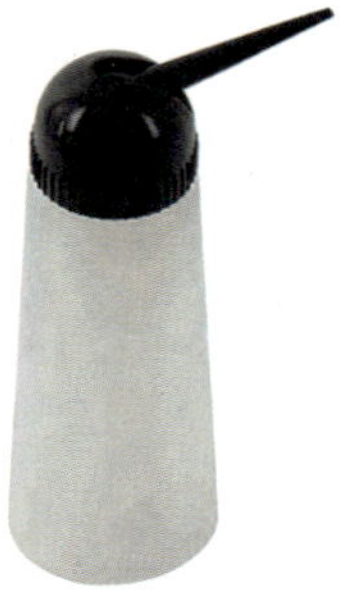

⑯ 수건 : 샴푸 후 젖은 모발 물기 제거와 헤어밴드 대신하여 사용이 가능하다.

⑰ 파마 스틱 : 플라스틱 재질로 와인딩된 모발의 자극 방지와 로드 흔들림을 방지 해준다.

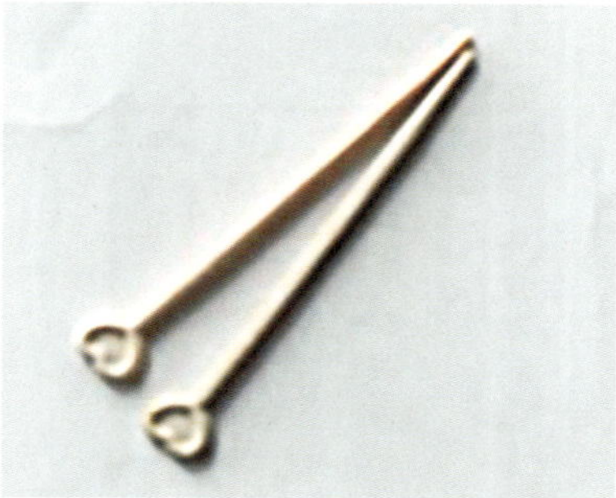

⑱ 가운 : 시술 전 고객의 의상에 약물이 떨어질 수 있으므로 미연에 방지하기 위해 입는 옷이다.

⑲ 앞치마 : 화학적 시술 시 시술자의 의상을 보호하기 위한 용도이다.

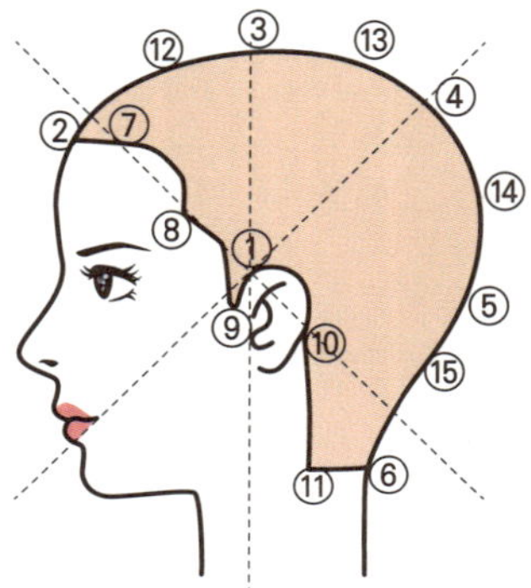

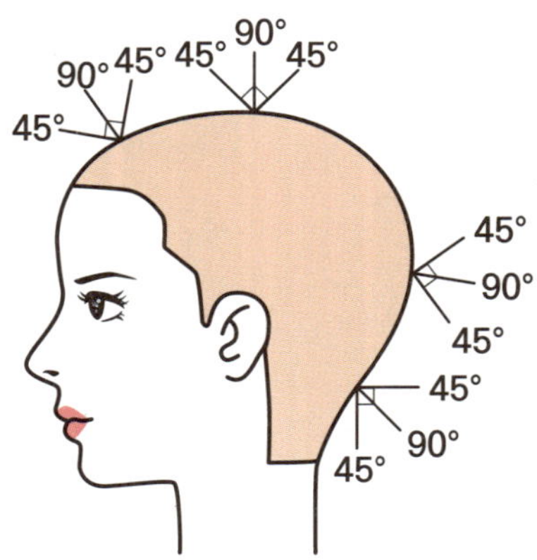

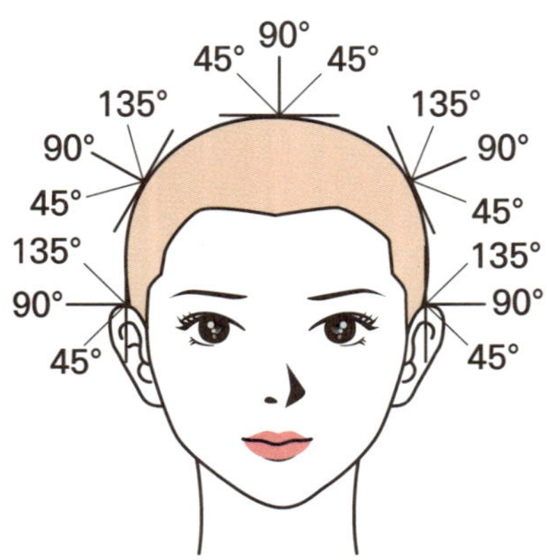

[그림 2-5] 두부의 포인트 명칭

번호	약어	명칭	위치
①	E.P.	Ear Point	두상의 귀 중앙부분
②	C.P.	Center Point	코선을 중심으로 가장 가운데 위치
③	T.P.	Top Point	두상의 가장 높은 윗머리부분
④	G.P.	Golden Point	턱부터 귀위를 지나는 연장선상과 정중앙선이 만나는점
⑤	B.P.	Back Point	이어포인트에서 수평으로 이어지는 두상 뒤
⑥	N.P.	Nape Point	두상의 뒷머리 아랫부분
⑦	F.S.P.	Front Side Point	두상의 관자놀이 부분
⑧	S.P.	Side Point	귀앞쪽에서 머리카락이 나 있는 가장 아래지점
⑨	S.C.P.	Side Corner Point	구렛나루 윗부분의 튀어나온 부분
⑩	E.B.P.	Ear Back Point	두상의 귀 뒷부분
⑪	N.S.P.	Nape Side Point	두상의 뒷머리 아래의 좌.우 옆부분
⑫	C.T.M.P.	Center Top Medium Point	센터포인트와 탑포인트 사이의 중간지점
⑬	T.G.M.P.	Top Golden Medium Point	탑포인트와 골덴포인트 사이의 중간지점
⑭	G.B.M.P.	Golden Back Medium Point	두정점과 머리꼭지점의 중간지점
⑮	B.N.M.P.	Back Nape medium Point	뒷지점과 목중심점의 중간지점

PART 3.
퍼머넌트 웨이브의 기초기술과정

퍼머넌트 웨이브는 퍼머, 펌, 파마라 불리기도 하며 두상의 모양을 보완하고 모발을 손질하기 편리하도록 하는 시술로서 모발에 환원제를 도포하여 롤이나 로드의 기구를 사용하여 와인딩한 후 모발의 웨이브가 C컬 또는 S컬의 형태를 변화시키는 것으로 헤어 파마 시술 전에 사전 샴푸를 진행하며 고객으로부터 과거 모발진단을 고려하여 파마(산성 pH 4~5, 중성 pH 7~8, 알칼리성 pH 9~11)제를 선택하게 된다. 또한 퍼머넌트 기초기술에서는 고객만족을 위한 두피모발의 자극 및 최소화하려는 노력의 자세가 필요하다고 할 수 있다.

1. 샴푸할 때 고려사항

① 샴푸제는 정량을 사용하여 수질오염과 샴푸제 낭비를 최소화하도록 한다.

② 헤어컬러와 헤어 퍼머넌트 등의 화학적 서비스 전에는 두피의 자극을 줄이고 모발의 이물질을 제거하는 느낌으로 가볍게 샴푸한다.

③ 헤어컬러 서비스 후 헤어라인, 귀, 목, 뒷부분 등 잔여물이 충분히 헹궈졌는지 반드시 체크한다.

④ 샴푸 시 수온은 38~40℃가 적절하나 고객의 요구를 반영하여 조절한다.

⑤ 샴푸 시 고객의 체형에 맞춰 샴푸대를 조절하고, 고객의 옷이 젖지 않도록 가운이나 어깨보 또는 타월 등을 착용시킨다.

⑥ 샴푸하는 동안 얼굴 등에 물이 튀지 않도록 주의하고 샴푸 후 충분하게 헹궈준다.

⑦ 타월 드라이 시 젖은 머리카락이 얼굴에 흘러내리지 않도록 타월로 충분하게 두상을 감싸며 모발을 말린다.

2. 사전샴푸

샴푸 시 고객의 의상에 물이 튀지 않도록 가운을 입혀주며 어깨에 타월을 감싸 편안하게 샴푸시술 할 수 있도록 한다. 샴푸 시술 전 두피 브러싱으로 피지와 노폐물을 클렌징하기 쉽도록 환경을 만들어 준 다음 물의 적정온도는 38~40도가 적정하며 시술자의 손등에 체크한 후 두피상태에 따라 샴푸를 선정하여 세정한다.

이때 두피모발에 미온수로 충분히 적신 후 샴푸를 모발길이에 따라 적당량 펌프하여 모발에 골고루 펴 발라 충분한 거품을 만들어주면서 두피 혈점을 따라 1~2분간 두피마사지 및 지압도 함께 한다.

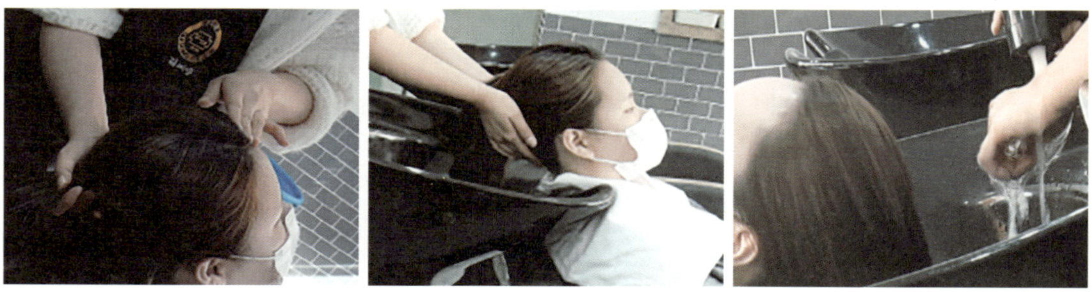

한 손은 고객의 이마, 다른 한 손은 모발과 뒷목을 받혀 샴푸대에 눕도록 돕는다.

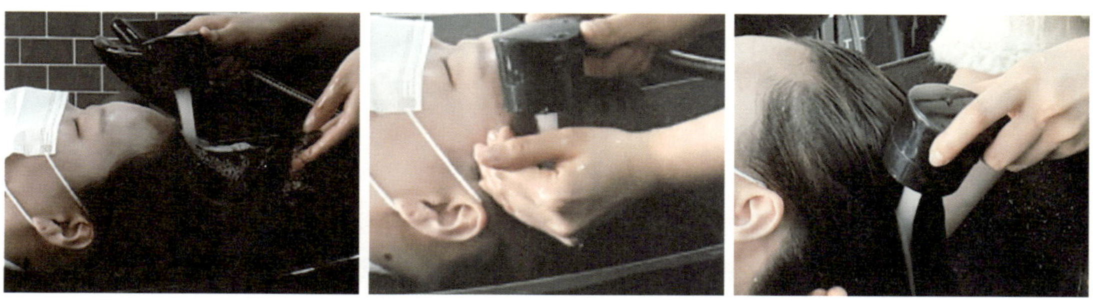

물의 적정 온도를 체크한 후 모발부터 두피까지 충분한 물을 적셔준다.

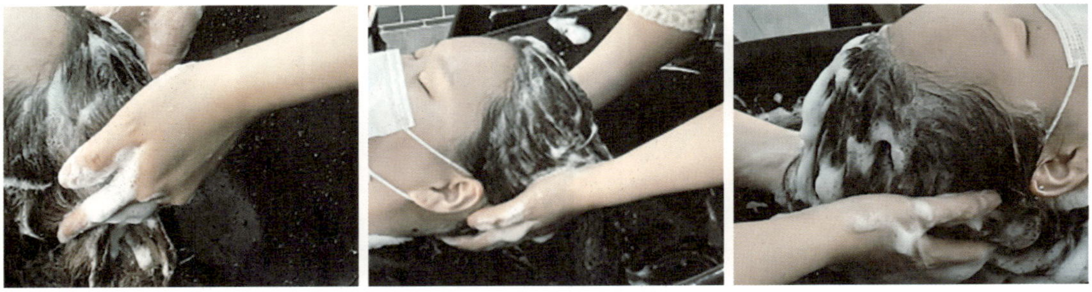

모발길이에 따라 샴푸를 펌프하여 거품을 만든 후 모발과 두피에 이물질을 세정한다.

간단한 두피를 지압한 후 샴푸의 거품을 깨끗하게 씻어낸다.

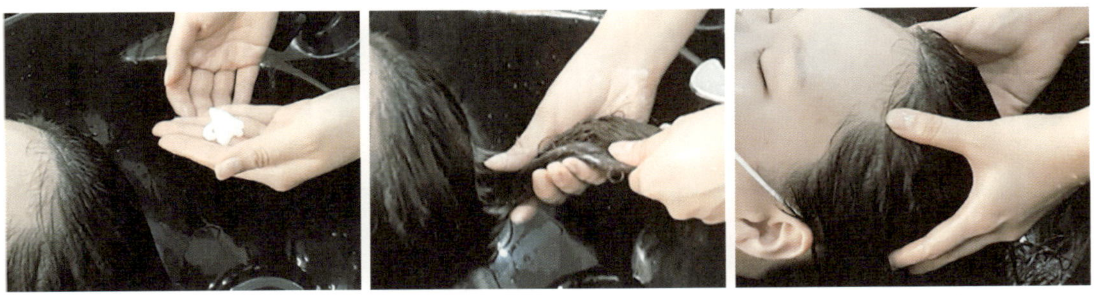

시술상태에 따라 린스 및 트리트먼트로 모발의 결을 정리하여 준다.

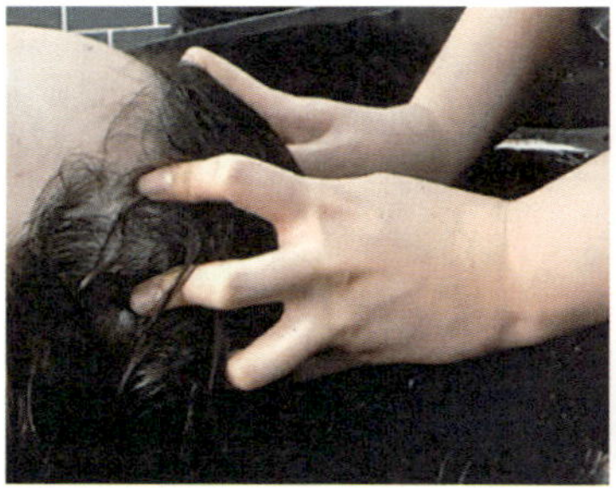

두피와 모발을 마사지 한 후, 두피모발을 충분히 헹구어 준다.

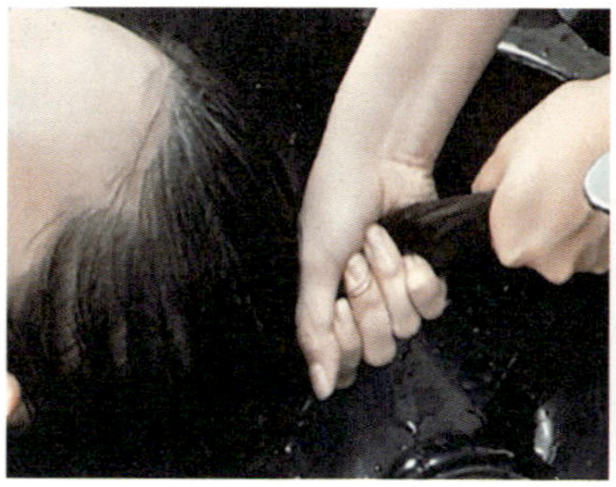
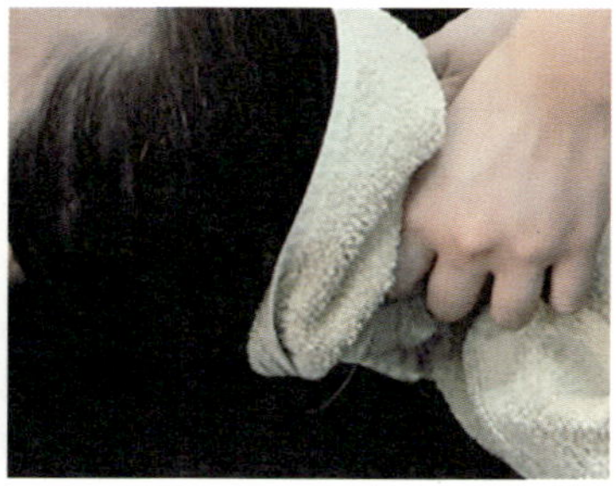
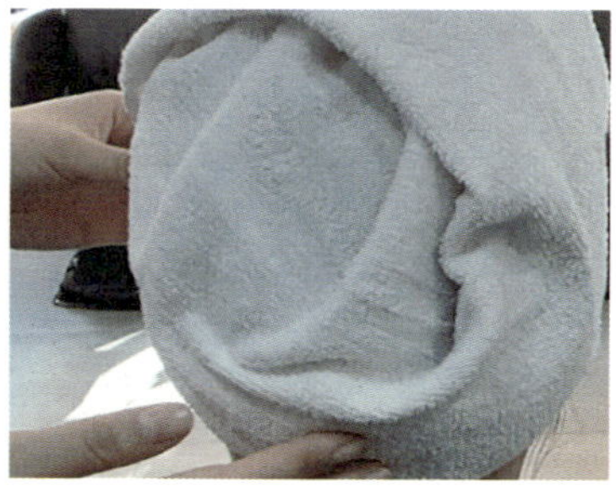

모발을 잡고 물기를 제거 후 수건으로 모발을 감싸 꾹꾹 눌러 물기를 제거하여 물기가 어깨 아래로 흘러내리지 않도록 수건으로 모발 전체를 감싸준다.

3. 퍼머넌트 웨이브 와인딩 단계

1) 블로킹(Blocking)

로드를 효과적으로 와인딩하기 쉽도록 모발을 크게 구분하여 두상의 형태와 구역을 부분적으로 시술이 적합하도록 영역을 나누는 것이며 여러 가지 형태의 로드에 종류와 크기에 따라 블로킹이 달라진다.

그림 3-1 여러 종류의 블로킹

2) 섹션(Section)

블로킹된 부분에 방향과 모양을 참고하여 스트랜드를 적절하게 나누는 세밀한 작업으로 와인딩하기 적정하게 방향과 형태를 슬라이스 하여 로드의 지름과 폭에 따라 빗질하여 균일하게 텐션을 유지하면서 수직, 수평, 사선, 방사선 등 섹션으로 나누어진다.

표 3-1 베이스방향

수평 (horiz ontal)	전대각 (Diagonal Forward)	후대각 (Diagonal Back)	수직 (vertical)	컨백스 (Convex)	컨케이브 (Concave)
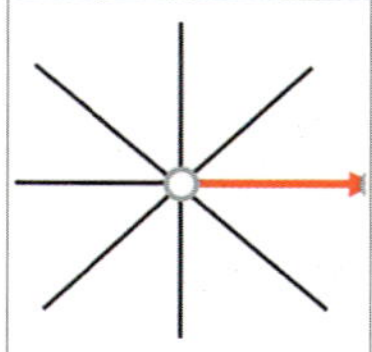	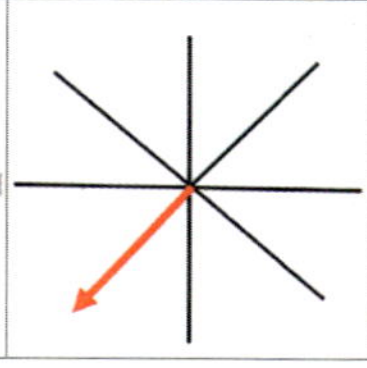	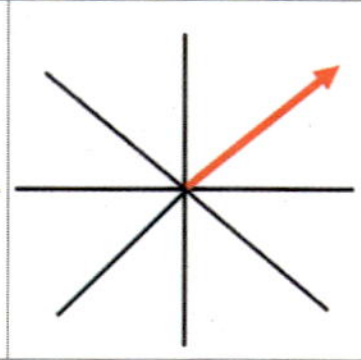	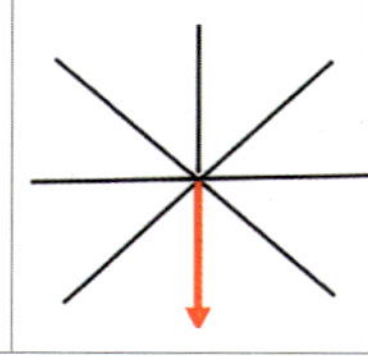	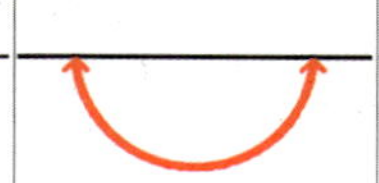	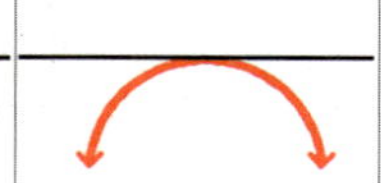

3) 베이스 크기(Base size)

베이스 폭이 일반적으로 사용하는 로드의 굵기와 길이에 의해서 결정되어지며 온 더 베이스(On the base), 오프 베이스(Off base), 하프오프 베이스(Half off base) 흐름에 따라 피봇 섹션이 있다.

(1) 1직경베이스 On the base (로드지름 + 로드길이)

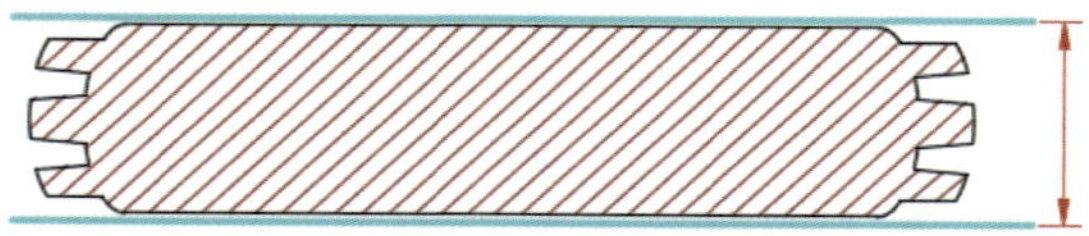

(2) 1.5직경베이스 Off base (로드 1개 + 반지름 더한 값)

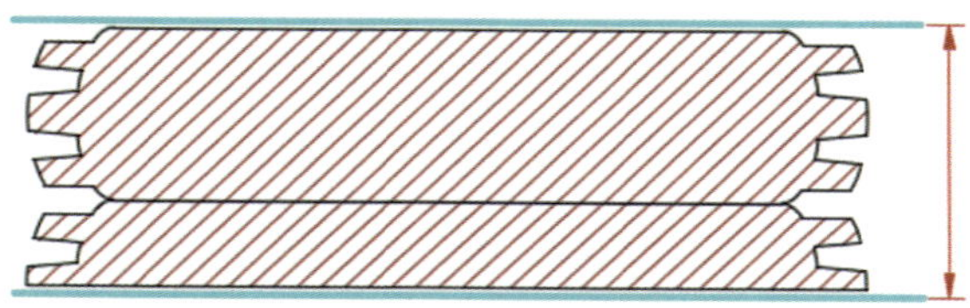

(3) 2직경베이스 Half off base(로드 2개 기구의 지름)

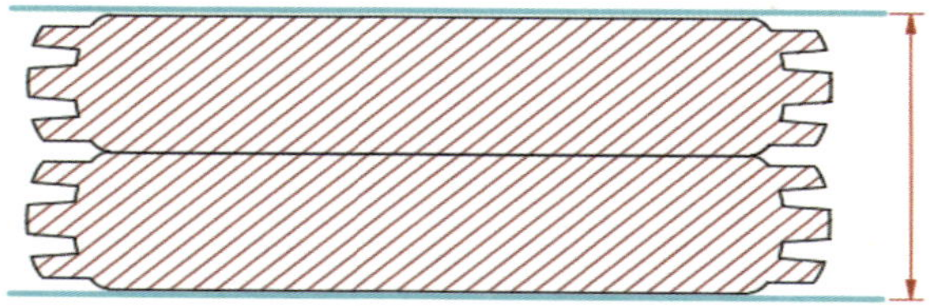

4) 페이퍼 사용방법(Paper)

로드에 와인딩 할 때 용이하도록 모발이 빠져나오는 것을 방지하기 위한 것으로 모발 끝부분에 덮어 사용되며 또는 모발길이 단차가 심하게 생겼을 경우 모발 판넬 위아래 두어 사용된다. 약제로 부터 모발 끝이 구겨지거나 심하게 흘러내리는 것을 방지시켜 컬의 웨이브를 고르고 매끄럽게 형성시키는 데 있어 필요하다고 볼 수 있다.

(1) 모발 윗면 사용

페이퍼를 스트랜드 위에 올려놓고 로드는 모발 아래에서 말아간다.

(2) 반 접어 사용

페이퍼 아래에 스트랜드를 올려 다시 파지를 덮는 방법으로, 아래와 위에 겹치는 것으로 반접어서 사용한다.

(3) 모발 위아래 사용

스트랜드 위와 아랫부분에 페이퍼를 두고 로드 와인딩한다.

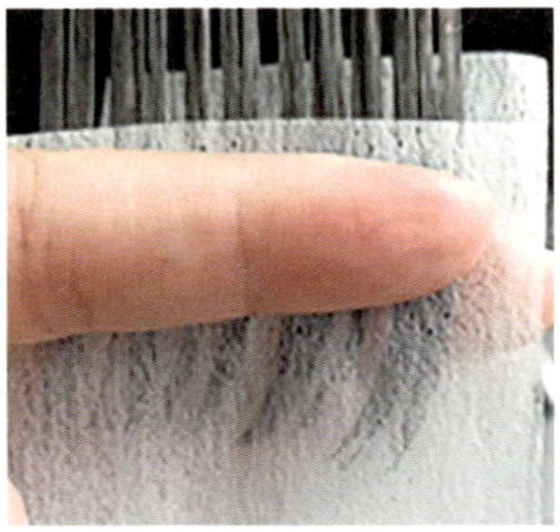

5) 고무 밴드 사용방법

로드에 감긴 머리카락에 밴드 고정할 때 모근부분의 모발이 심하게 꺾이거나 밴드자국으로 모발을 손상시킬 수 있는 오히려 좋지 않는 결과를 볼 수 있으므로 주의하여야 하며 밴드에 의해 모발이 당김이나 고객의 불편함이 없어야 한다.

11자형

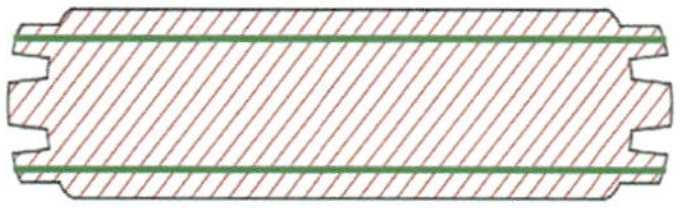

X자형

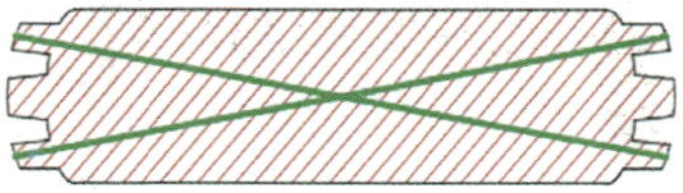

11자 X 자형

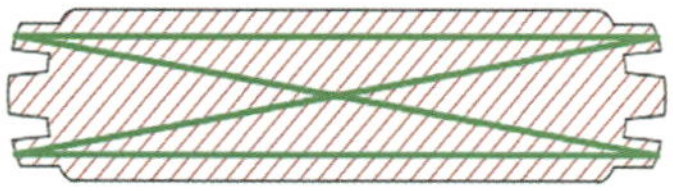

6) 스틱 사용방법

모발을 로드에 와인딩 한 후로부터 로드의 흔들림 방지와 고무줄자국이 남아있지 않게 하기 위한 균일한 작업으로 스틱을 퍼머넌트 완성작에 균일하게 고정시켜준다.

4. 로드 와인딩 기법

수평	수직	전대각	후대각
		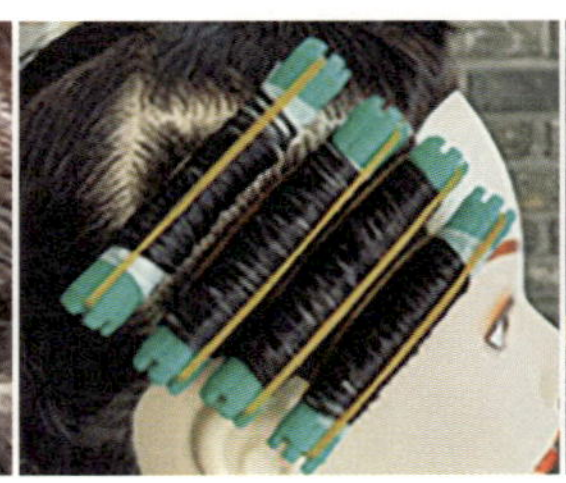	

더블	교대	압착	스파이럴식

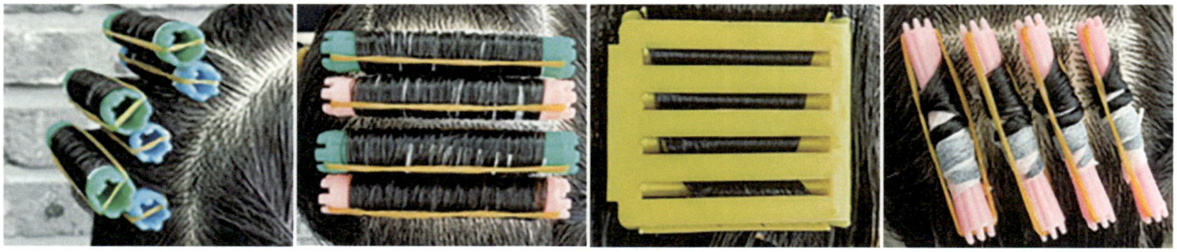

5. 베이스 모양

직사각형	삼각형	오블롱	원형	사다리꼴

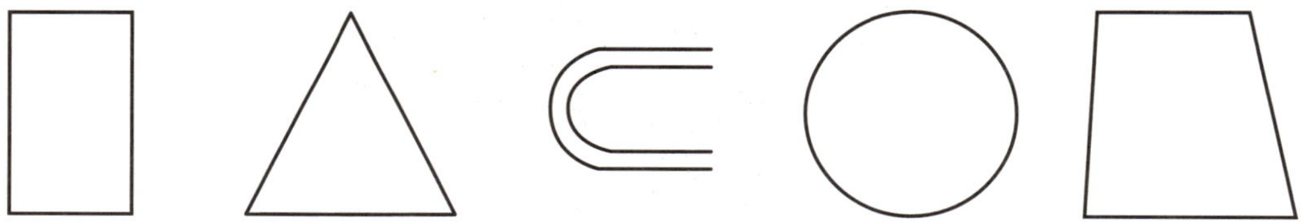

1) 직사각형(Rectangle)

소구분 직사각형으로 프론트 중앙이나 센터백 중심부에 사용가능하며 직사각형 모양의 섹션으로 로드크기에 따라 직사각형이 되도록 한다.

2) 삼각형(Triangle)

베이스 모양이 삼각형 섹션 연결지역으로 두발전체에 사용 가능하다.

3) 사다리꼴(Trapezoid)

톱과 센터백 크라운이 만나는 지점과 연결부분에 활용되며 두개의 평행한 면과 평행하지 않은 두 변의 길이가 서로 같은 면들로 만들어진다.

4) 오블롱(Oblong)

장사방형 모양으로 두상전체 사용가능하며 두상의 평행면에 한 면은 오목선, 한 면은 볼록선 삼각파팅형으로 연결하는 하나의 볼록선을 곡면형으로 시작에서 후대각으로 마무리한다.

5) 원형(Circle)

정중앙시작점으로부터 원형을 이루기 위해 균일한 형태로 반원과 확장원형, 4분의 3, 4분의 1 원형 곡면분을 처리하고 다른 모양을 연결하기 위해 사용된다.

6. 와인딩 방향성

1) 포워드(Forward)

얼굴 전 방향으로 향하게 와인딩한다.

2) 리버즈(Reverse)

귀 뒤쪽 방향으로 와인딩한다.

3) 인 컬(In Curl)

모발패널 안쪽에 로드를 대고 안마름한다.

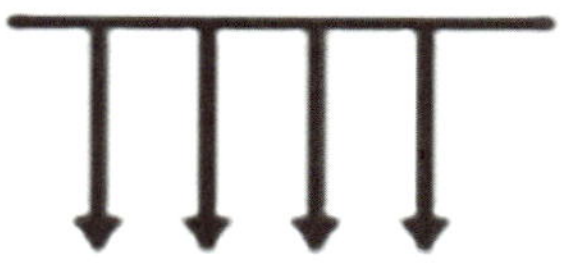

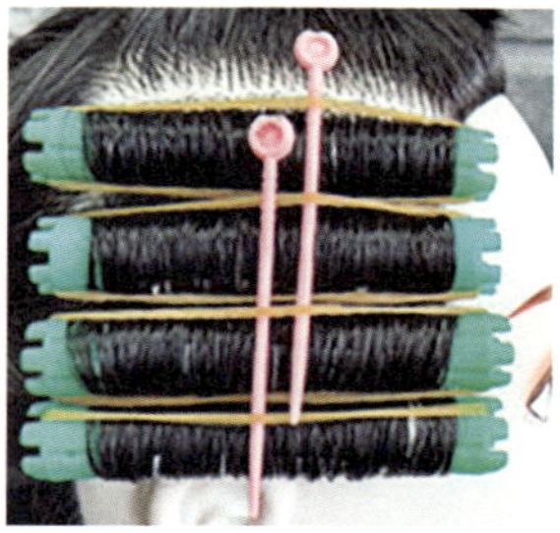

4) 아웃 컬(Out Curl)

인덴데이션이라고도 하며 모발 패널 위쪽에 로드를 대고 바깥마름 와인딩한다.

7. 로드 베이스에 따른 위치

1) 후방 45도

모발판넬후방45도 들어 뿌리볼륨을 많게 보이기 위한 방법으로 크라운 부분에 많이 사용한다.

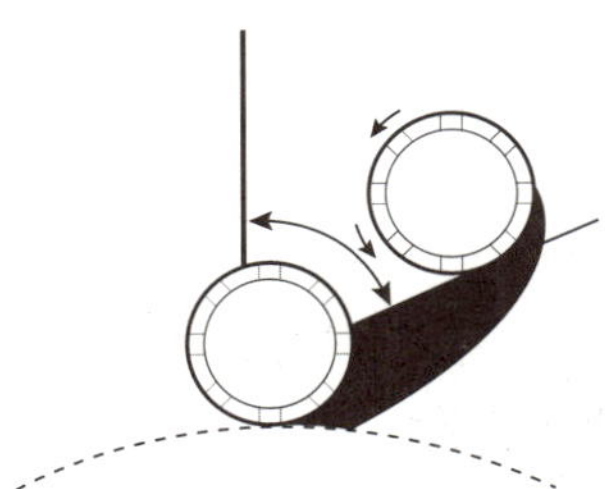

와인딩 시술각

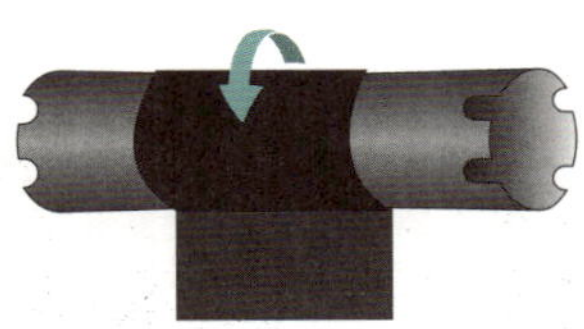

로드 위치

웨이브 모양

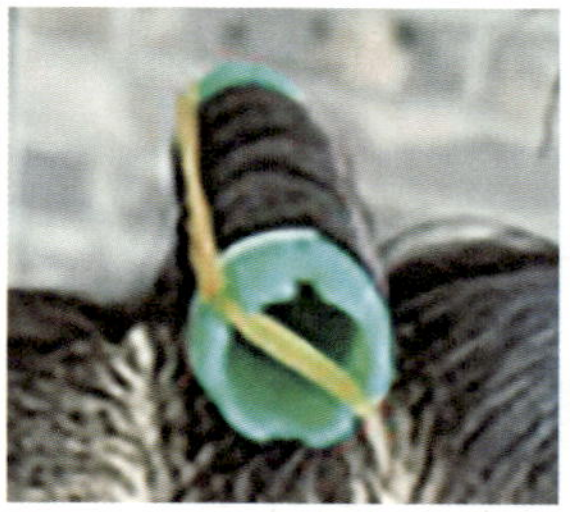

2) 두상 90도

모발판넬 90각도로 세워 빗질하여 볼륨이 약간 형성되는 것으로 베이스 약간아래 사용가능 하다.

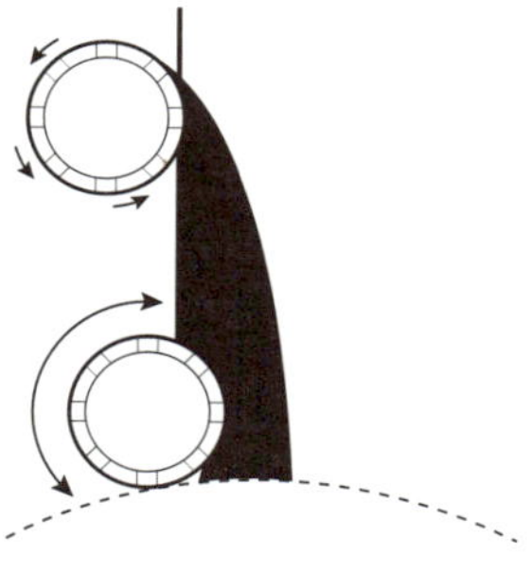

와인딩 시술각

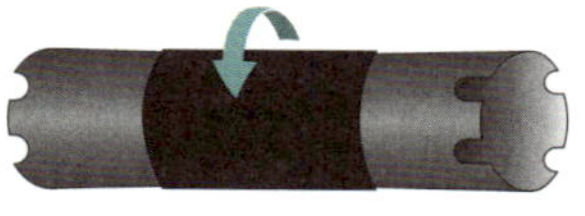

로드 위치

웨이브 모양

3) 전방 45도

모발 판넬 45도 베이스에서 빗질하여 자연스러운 연출로 볼륨이 낮고 뿌리볼륨이 다운으로 사용한다.

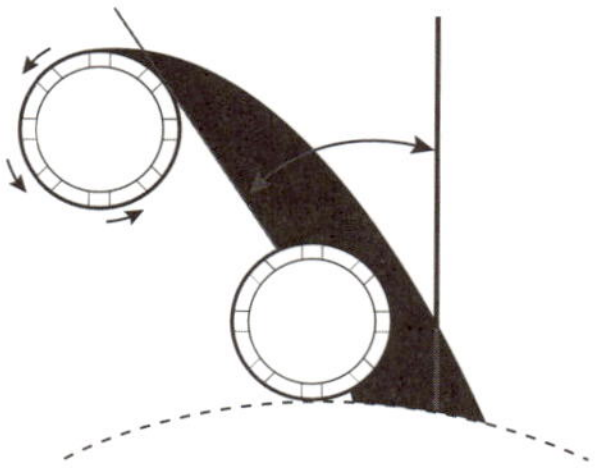

와인딩 시술각

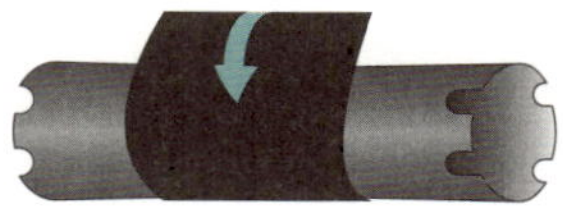

로드 위치

웨이브 모양

실기편

PART 4.
퍼머넌트 웨이브 와인딩 기초기술

1. 기본형 5등분 블로킹 (우 파트) 와인딩
2. 기본형 5등분 블로킹 (센터파트) 와인딩
3. 기본형 9등분 블로킹 와인딩
4. 혼합오블롱 블로킹 와인딩

미용업무는 공중위생분야로서 국민의 건강과 직결되어 있는 중요한 분야로 향후 국가의 산업구조가 제조업에서 서비스업 중심으로 전환되는 차원에서 수요가 증대되고 있다.

분야별로 세분화, 전문화되고 있는 세계적인 추세에 맞추어 미용의 업무 중 헤어업무를 수행할 수 있는 미용분야 전문 인력을 양성하여 국민의 건강을 보호하기 위해 자격제도를 제정한 것으로 국가시험에 제시되는 실기 와인딩 과제로 나누어진다.

1. 기본 퍼머넌트 웨이브 와인딩

1) 기본형 5등분 블로킹(우 파트) 와인딩

정면

우측

좌측

후면

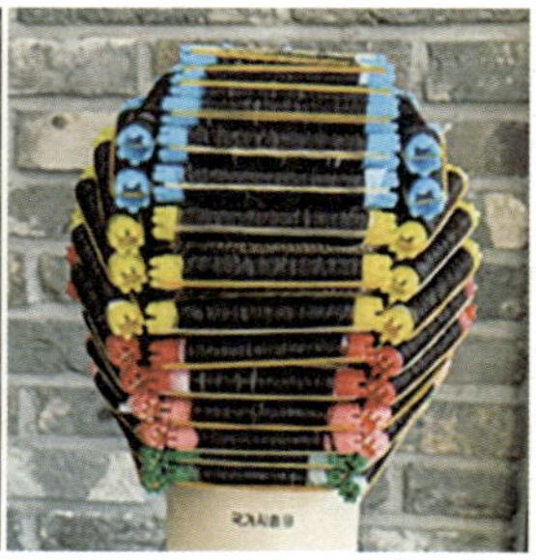

(1) 세부요구사항

시술시간	35분
블로킹	5등분(우 파트)
로드개수	55개 이상 – 파랑(6호) 22개, 노랑(7호) 15개, 빨강(8호) 10개, 분홍(9호) 6개, 초록(10호) 6개
시술각	90도
고무밴드	11자형
슬라이스폭	로드의 직경
손가락 위치	슬라이스와 수평
와인딩 기법	크로키놀식

우 파트 와인딩 순서

(2) 기본형 5등분 (우 파트) 시술과정

정면 우측 좌측 후면

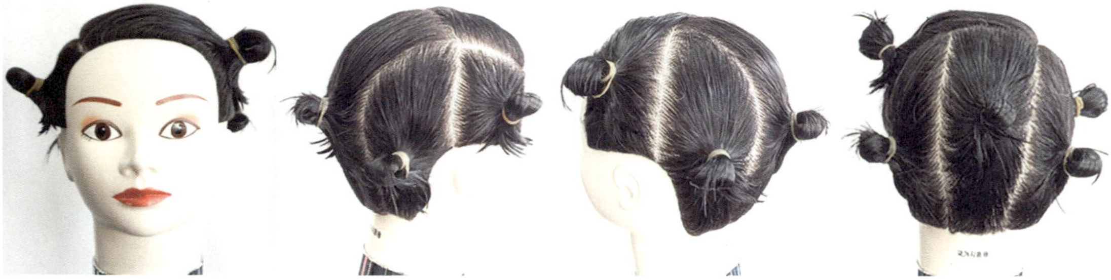

① 백센터 중심으로 두상각도 90도로 빗질하여 6호(파랑) 8개를 온 베이스 와인딩한다.

② 모발 판넬을 깔끔하게 빗질하여 파지를 올려 로드 와인딩한다.

③ 모발 폭이 좁을 시 파지를 반을 접어 사용한다.

④ 네이프 로드 와인딩 할 때 파지가 많이 보일수록 지저분하므로 주의한다.

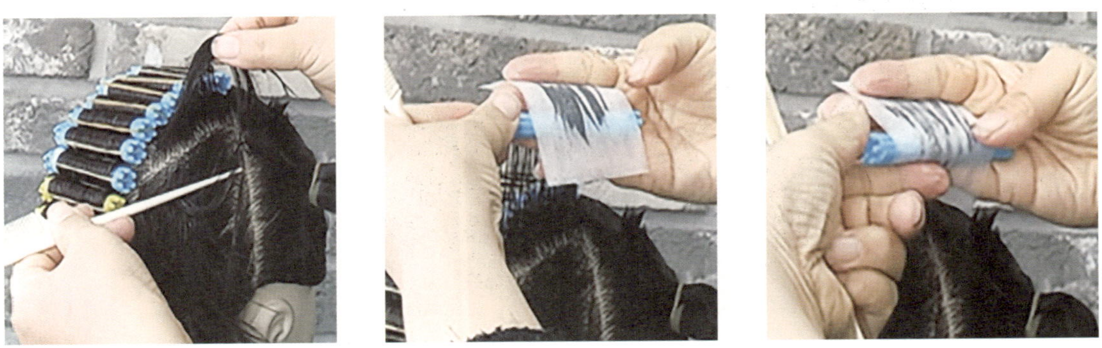

⑤ 우측 백사이드 사선섹션으로 두상 90도 빗질하여 온 베이스로 와인딩 한다.

⑥ 우측 백사이드 사선섹션으로 빗질하여 6호 2개, 7호 3개, 8호 2개, 9호 2개, 10호 2개 로드를 와인딩한다.

⑦ 모발에 물 분무하여 결을 유지하면서 우측백사이드와 동일하게 와인딩 한다.

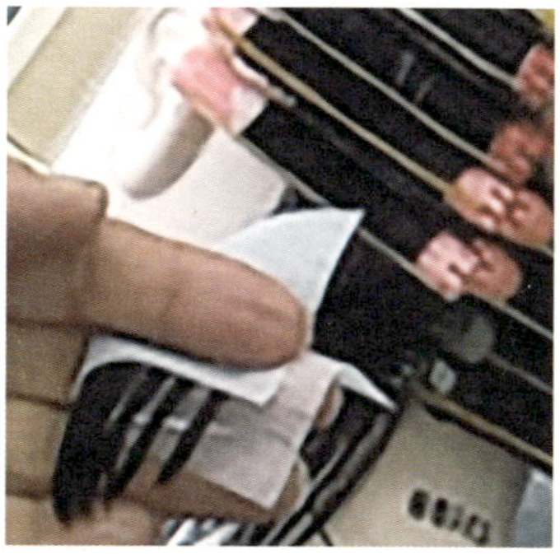

⑧ 분홍 로드 사용 시 파지를 반으로 접어 9호(분홍) 2개, 10호(초록) 2개를 와인딩한다.

⑨ 우측사이드 소구분하여 6호(파랑)8개 수평 와인딩 한다.

⑩ 7호(노랑) 3개, 8호(빨강) 2개의 모발결과 로드간격을 유지하면서 와인딩한다.

⑪ 좌측사이드 두상의각도 90도 들어 와인딩 한다.

⑫ 좌측사이드 6호(파랑) 2개, 7호(노랑) 3개, 8호(빨강) 2개 순서로 간격과 모발결을 유지하면서 와인딩한다.

2) 기본형 5등분 블로킹(센터파트) 와인딩

정면

우측

좌측

후면

(1) 세부요구사항

시술시간	35분
블로킹	5등분(센터 파트)
로드개수	55개 이상 - 파랑(6호) 22개, 노랑(7호) 15개, 빨강(8호) 10개, 분홍(9호) 6개, 초록(10호) 6개
시술각	90도
고무밴드	11자형
슬라이스폭	로드의 직경
손가락위치	슬라이스와 수평
와인딩 기법	크로키놀식

센터파트 와인딩 순서

(2) 기본형 5등분(센터파트) 시술과정

정면

우측

좌측

후면

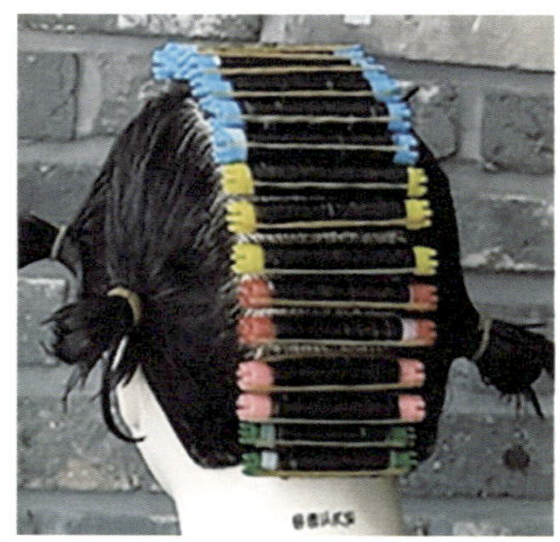

① 백센터 중심으로 두상각도 90도로 빗질하여 6호(파랑) 8개, 7호(노랑), 3개 8호(빨강) 2개, 9호(분홍) 2개, 10호(초록) 2개를 온 베이스 와인딩한다.

② 우측 백사이드 6호 2개, 7호 3개, 8호 2개, 9호 2개, 10호 2개순으로 와인딩한다.

③ 좌측 백사이드 사선섹션으로 우측과 동일하게 온 베이스 와인딩한다.

④ 센터를 중심으로 우측 와인딩 6호 5개, 7호 3개, 8호 2개를 와인딩한다.

⑤ 센터를 중심으로 우측과 동일하게 좌측 와인딩 6호 5개, 7호 3개, 8호 2개를 와인딩한다.

3) 기본형 9등분 블로킹 와인딩

정면

우측

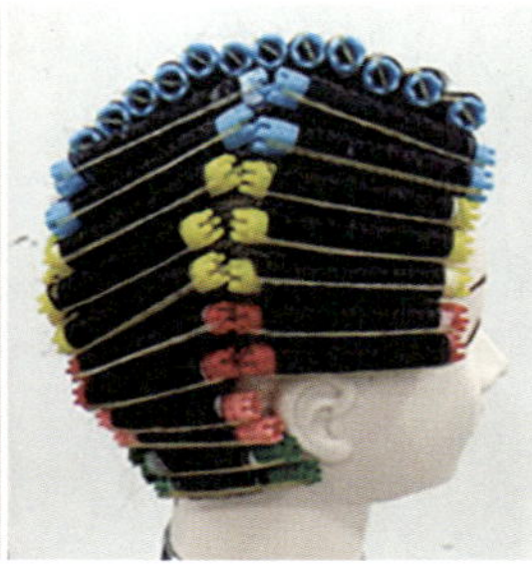

좌측

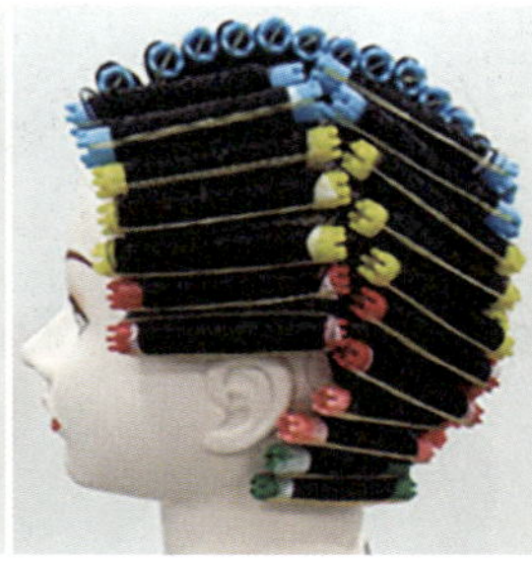

후면

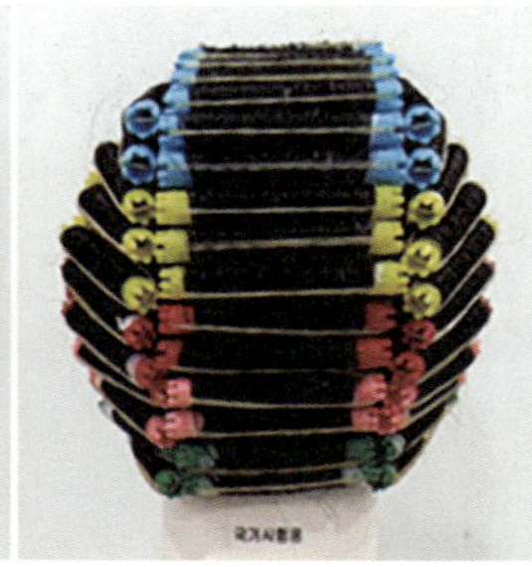

(1) 세부요구사항

시술시간	35분
블로킹	9등분
로드개수	55개 이상 – 파랑(6호) 22개, 노랑(7호) 15개, 빨강(8호) 10개, 분홍(9호) 6개, 초록(10호) 6개
시술각	90도
고무밴드	11자형
슬라이스폭	로드의 직경
손가락위치	슬라이스와 수평
와인딩 기법	크로키놀식

블로킹 9등분을 나눈 후 그림과 같이 번호순으로 와인딩한다.

(2) 9등분 시술과정

정면	우측	좌측	후면

① 첫 번째 단 와인딩 부분에서 2등분으로 나눈다.

② 2등분을 나눈 후 상단(분홍) 하단 (초록) 구분한다.

③ 모발섹션을 나눈 후 모발안쪽에서부터 빗살을 베이스에서 모발끝부분까지 빗질하여 상단 9호(2개)와 하단 10호(2개)를 와인딩한다.

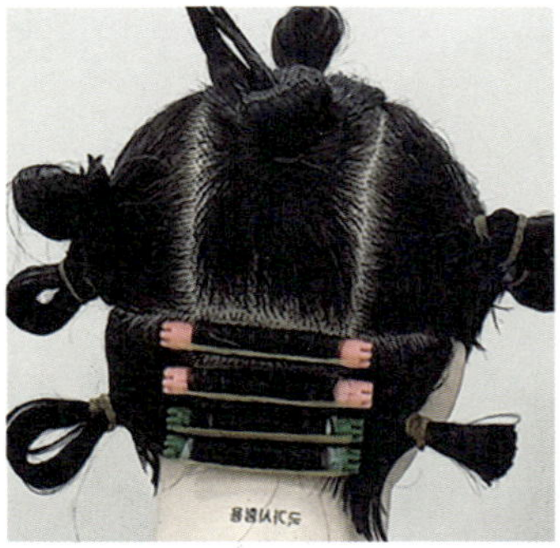

④ 1번 구역 와인딩된 모습

⑤ 1번 구역이 끝난 후 우측 2번 구역 와인딩을 완성한 후 3번 좌측부분 로드에 너비만큼 섹션을 나누어 와인딩한다.

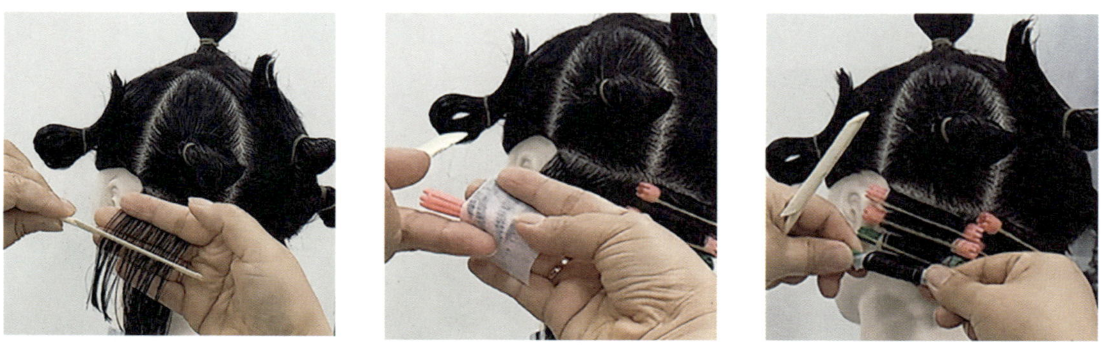

⑥ 로드지름만큼 섹션을 나눈 후 모발 패널을 곱게 빗질하여 수평 와인딩으로 9호와 10호 순서로 와인딩한다.

⑦ 1.2.3.구역: 와인딩 완성된 작품

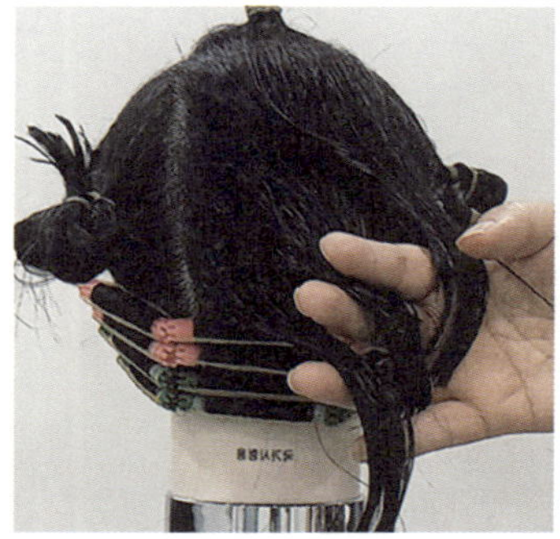

⑧ 4번구역 : 6호, 7호, 8호 와인딩할 부분을 소구분한다.

⑨ 5번 구역: (크라운) 6호를 와인딩 할 부분은 각도를 90도보다는 120도로 곱게 빗질하여 베이스에 와인딩한다,

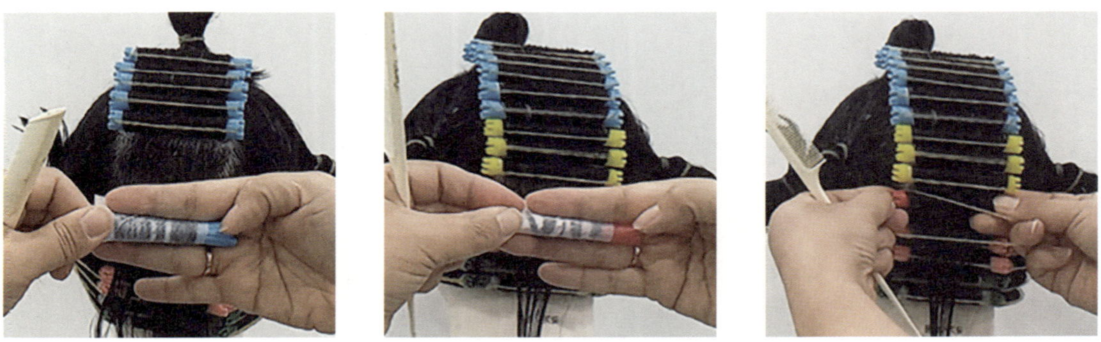

⑩ 파지에 모발이 빠지지 않도록 주의하면서 두상 90도로 빗질하여 베이스 약간의 아래로 6호(8개), 7호(3개), 8호(2개)순으로 와인딩한다.

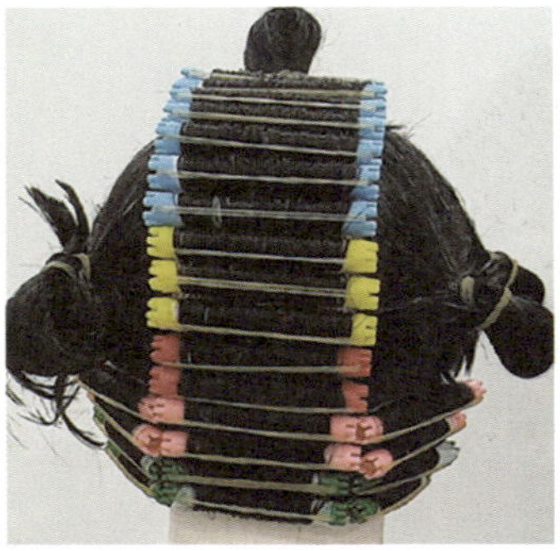

⑪ 4번 구역: 와인딩 완성된 작품

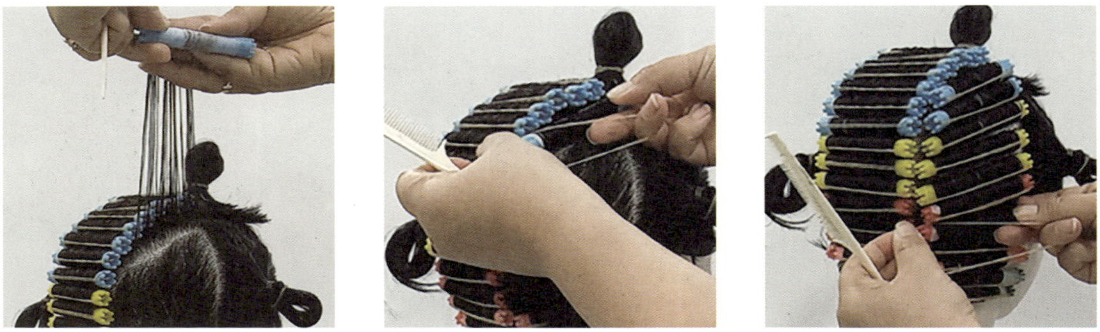

⑫ 5번 구역: 우측백사이드 두상 90도 사선섹션으로 텐션, 섹션, 빗질하여 위에서 아래로 와인딩 한다.

⑬ 5번 구역 완성된 작품

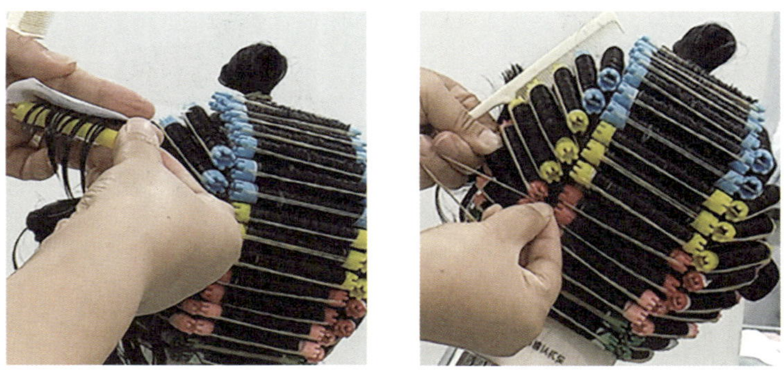

⑭ 6번 구역: 5번 구역과 동일하게 좌측백사이드 순서대로 와인딩한다.

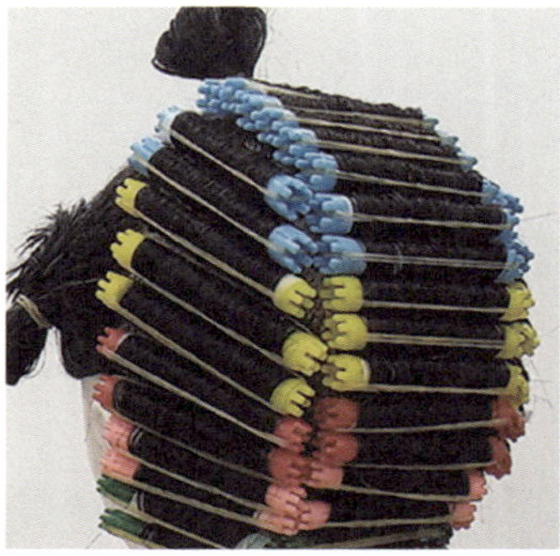

⑮ 좌측 백사이드 와인딩 완성작품

⑯ 7, 8번구역 : 우측과 좌측 두상의 베이스 후방 45각도 올려 빗질하여 6호(2개), 7호(3개), 8호(2개)순으로 와인딩한다.

⑰ 9번 구역: 프론트 앞부분에는 각도를 120도 들어 모발 아래 빗살을 베이스에서부터 모발 끝까지 빗질하여 6호(6개) 와인딩 한다.

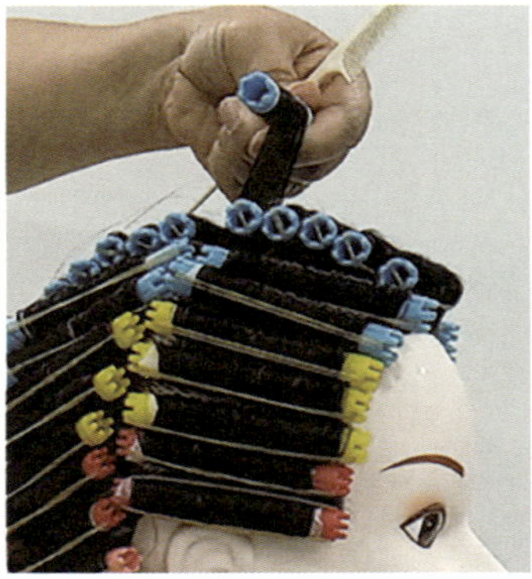

⑱ 마지막 까지 두상의 각도 90도 들어 빗질하여 깨끗하게 와인딩 하여 마무리 한다.

4) 혼합 오블롱 블로킹 와인딩

오블롱 패턴과 벽돌쌓기 와인딩하는 기법으로 4영역 7블로킹 45도 사선섹션 와인딩하여 위아래가 반대로 로드 와인딩 완성하는 것이 혼합형이다.

정면 좌측 우측 후면

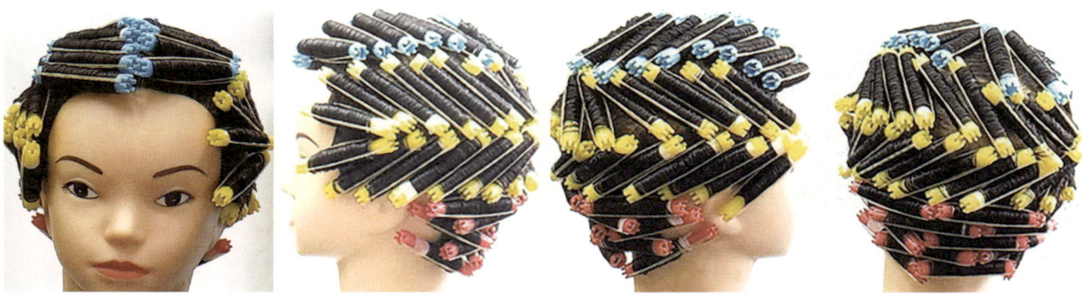

(1) 세부 요구사항

시술시간	35분
블로킹	7등분 (4영역)
로드개수	57개 이상 - 1단 파랑(6호) : 14개, 2단 노랑(7호) : 15개, 3단 노랑(7호) : 15개, 4단 빨강(8호) : 13개
시술각	45도
고무밴드	11자형
슬라이스폭	로드의 직경 혹은 로드의 1.5 직경
손가락위치	슬라이스와 수평
와인딩 기법	오블롱

첫 번째 1단 파랑(6호) 14개 들어갈 부분을 그림과 같이 섹션을 나누어 왼쪽 첫 번째부터 와인딩해준다.

(2) 혼합 오블롱 시술과정

정면

좌측

뒷면

우측

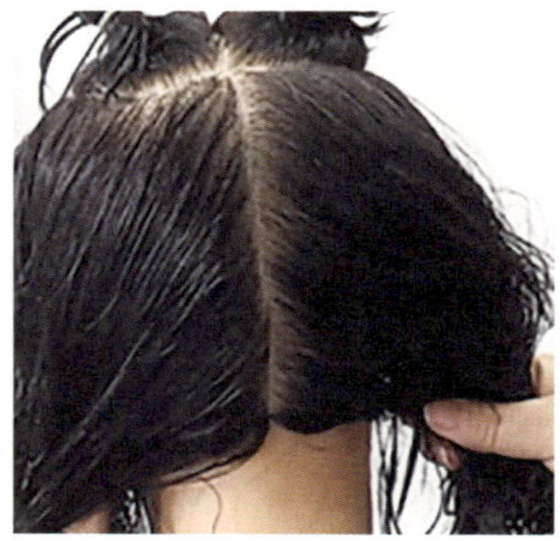

① 1영역: 프론트 센터파트를 중심으로 시작하여 골든포인트까지 블로킹을 나눈다.

② 2영역: 프론트 사이드 포인트에서 백센터를 중심으로 블로킹한다.
3영역: 이어백 포인트에서 백센터를 중심으로 블로킹한다.

③ 4영역 : 나머지 모발을 4영역으로 구분한다.
④ 사선섹션으로 왼쪽 첫 단부터 뒤로 향하도록 6호 로드를 와인딩한다.

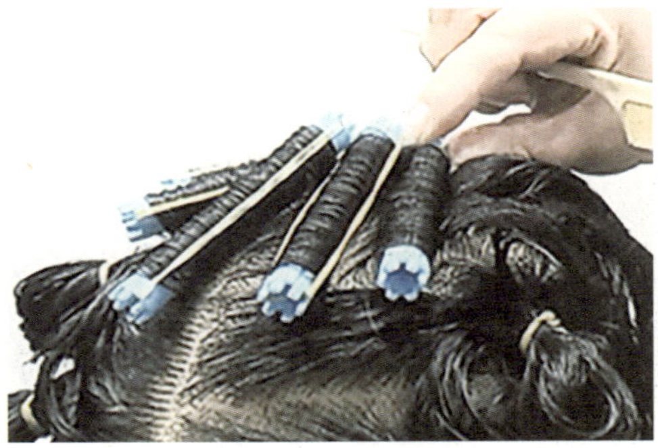

⑤ 두상에 따라 와인딩하며 백 중심으로 삼각섹션으로 와인딩하여 로드가 서로 마주보게 와인딩한다.

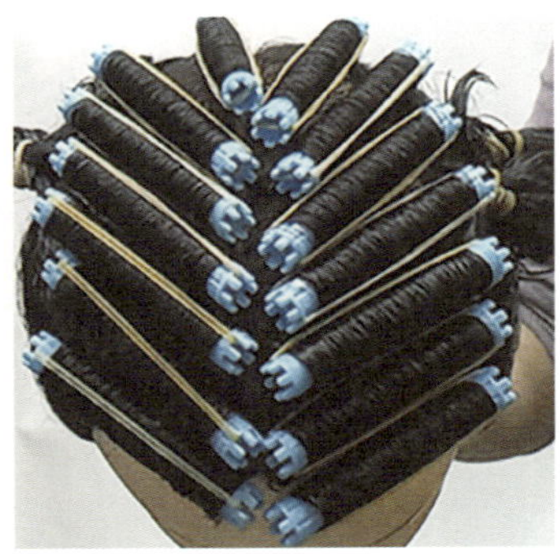

⑥ 첫 번째 영역 와인딩된 완성작품

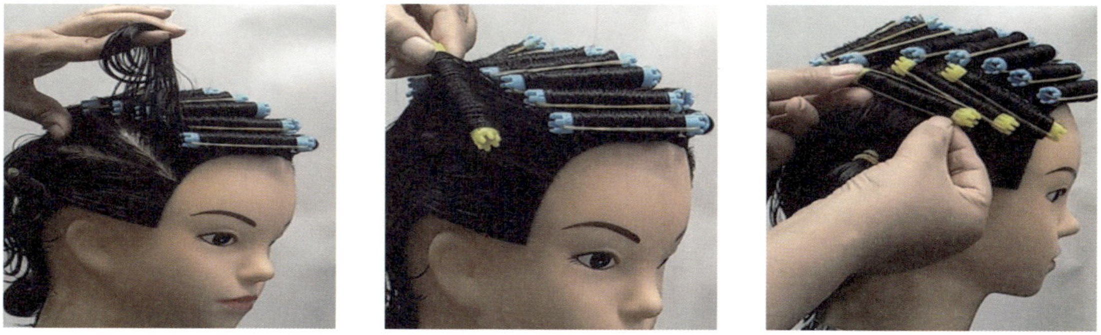

⑦ 첫 번째 영역이 끝난 지점에 이어서 오른쪽에서 왼쪽으로 두피면에 따라 45˚ 또는 그 이상의 각도로서 7호 15개 두상의 곡면에 자연스럽게 와인딩한다.

⑧ 백센터 중심으로 삼각섹션으로 두상의 곡면에 자연스럽게 로드 와인딩하여 2영역의7호 15개 와인딩한다.

⑨ 3영역: 2영역이 끝난 지점에 이어서 왼쪽에서 오른쪽 방향으로 오블롱 형태가 되도록 와인딩한다.

⑩ 두상곡면을 따라 2영역의 로드에 맞추어 3영역 와인딩 완성한다.

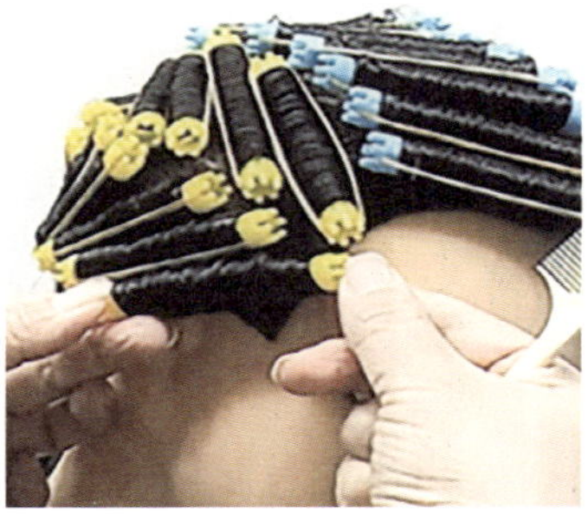

⑪ 90도 각도 빗질하여 와인딩하여 완성한다.

⑫ 4영역 8호 로드 13개 벽돌쌓기 기법으로 시술한다.

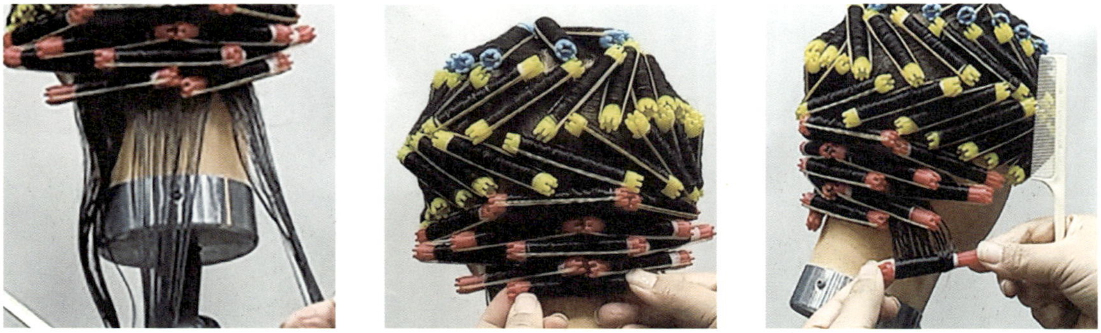

⑬ 마지막 남은 부분을 3개로 나누어 정중앙, 양쪽사이드 코너 후대각으로 와인딩한다.

⑭ 와인딩 완성된 작품

PART 5.
퍼머넌트 웨이브 창작 와인딩

1. 수평 & 볼륨
2. 벽돌 쌓기
3. 홉 스카치
4. 교대 & 윤곽패턴
5. 사각 & 캔들스틱
6. 더블 와인딩

1. 수평 & 볼륨

정면

좌측

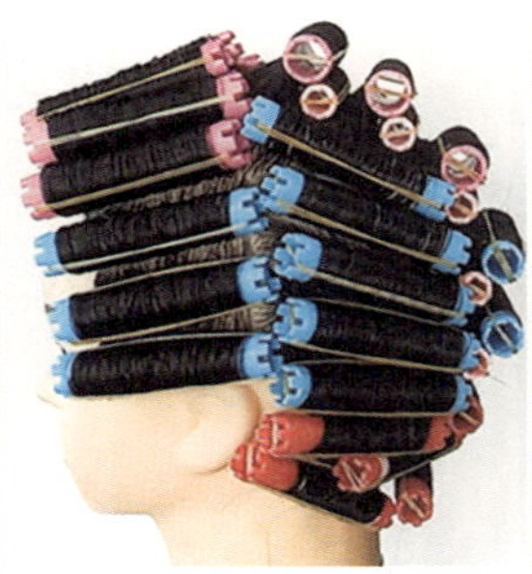

뒷면

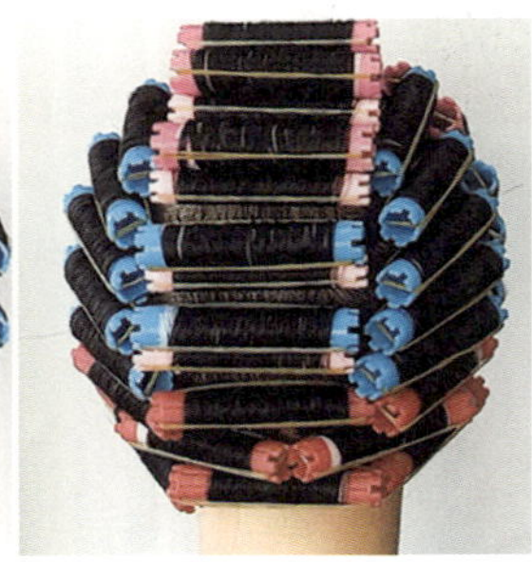

우측

1) 시술과정

정면　좌측　뒷면　우측

① 센터를 중심으로 좌, 우 블로킹을 나눈 후 상단 1호 3개 4호 3개 와인딩한다.

② 로드의 지름만큼의 폭을 나누어 로드 와인딩한다.

③ 모발을 깔끔하게 빗질하여 모발이 빠지지 않도록 페이퍼를 올려 로드 와인딩한다.

④ 백센터 사각블로킹에 더블 와인딩으로 볼륨을 높혀 준다. 아랫단에 수평 온 베이스로 7호 로드를 와인딩한다.

⑤ 남겨진 모발에 3호 와인딩으로 7호 위에 올려 하프 오프 베이스 와인딩을 한다.

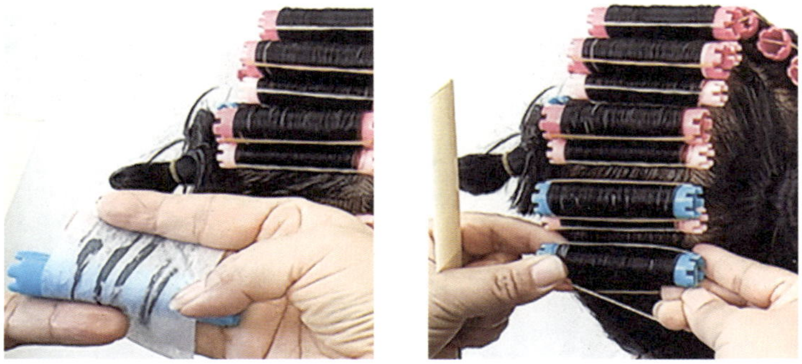

⑥ 모발에 수분을 보충하여 파지 아래 모발이 보일 수 있도록 수평 와인딩을 한다.

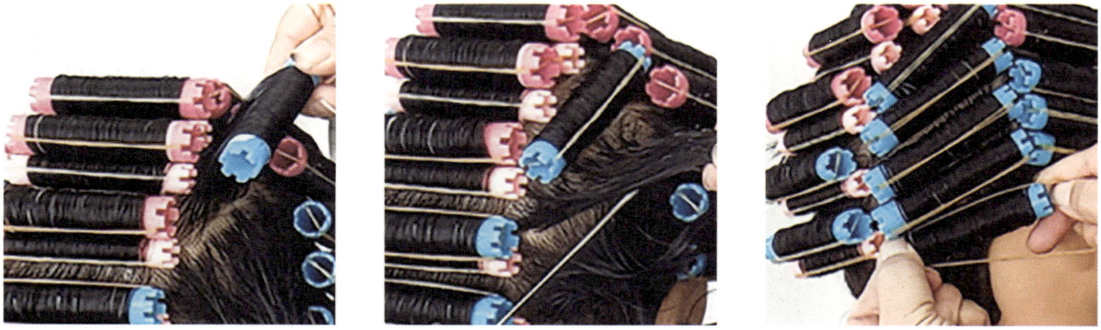

⑦ 백사이드 사선섹션을 나눈 후 90도 각도로 로드 와인딩 한다.

⑧ 좌측부분에도 우측과 동일하게 로드 와인딩한다.

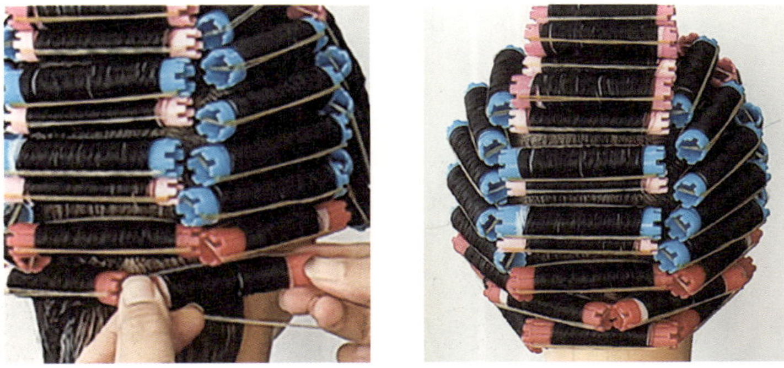

⑨ 네이프 부분의 로드5호 벽돌쌓기3단 와인딩 한다.

2. 벽돌 쌓기

정면

좌측

뒷면

우측

1) 시술 과정

정면

뒷면

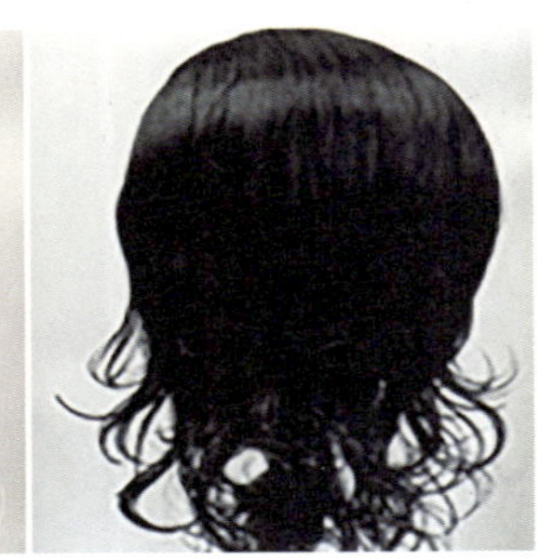

① 프론트 부분에 와인딩할 때 고개를 약간 뒤로 한 채 로드크기만큼 섹션을 나누어 120도 각도로 와인딩한다.

② 로드4호, 5호 혼합으로 리버스 방향으로 와인딩하며 고무밴딩 11자 X로 고정한다.

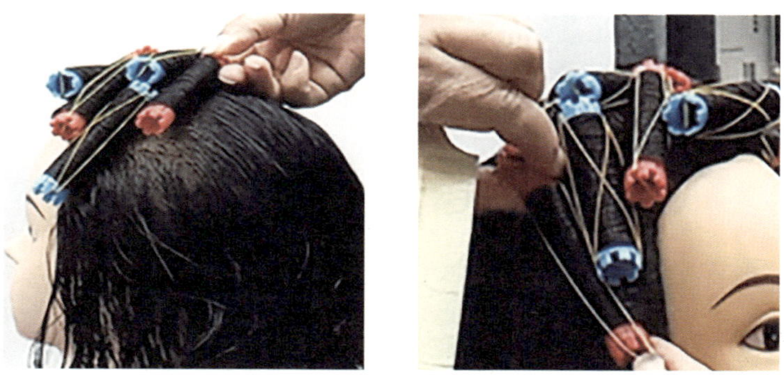

③ 와인딩 된 부분에 모발을 고정하여 준다.

④ 톱에 수평 와인딩으로 하여 양 측면으로는 전대각 리버스 방향으로 와인딩한다.

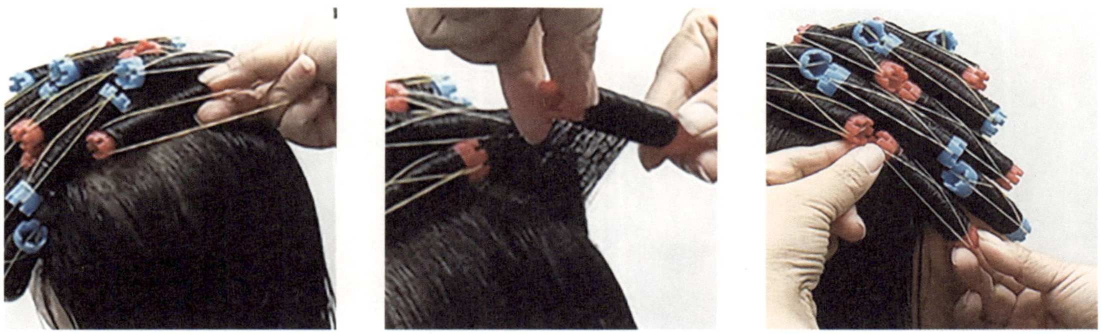

⑤ 고무 밴딩 시 모발이 흩어지지 않도록 주의한다.

⑥ 모발을 온 베이스로 빗질하여 결을 유지하면서 와인딩된 모습

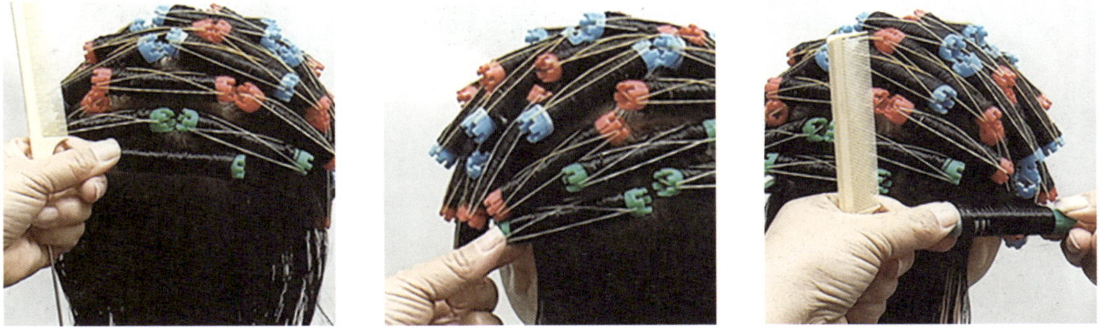

⑦ 두상의 곡면의 따라 로드 와인딩한다.

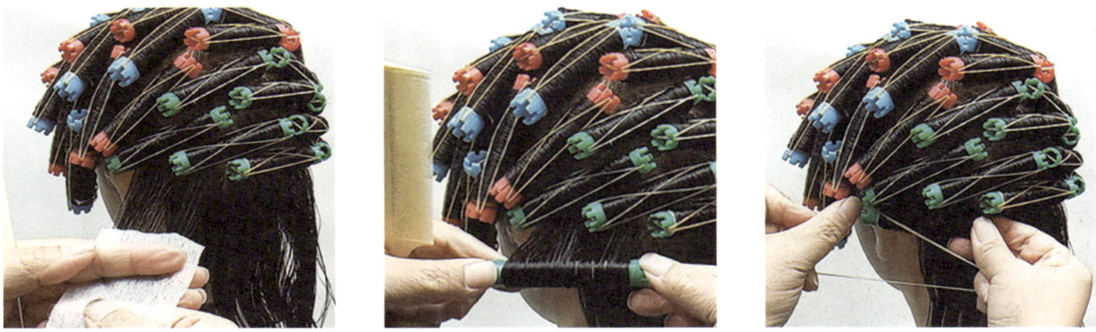

⑧ 모발이 빠지지 않도록 파지를 올려 와인딩한다.

⑨ 정중앙의 수평 와인딩과 양쪽 사이드 후 대각 섹션 기법 와인딩을 한다.

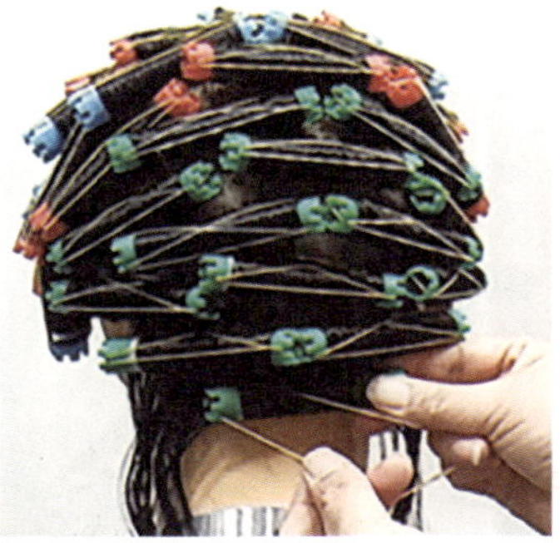

⑩ 로드모발을 고정하기 위하여 고무밴딩한다.

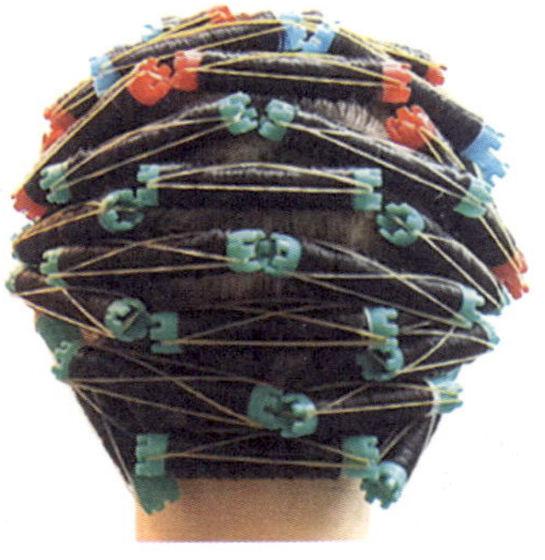

⑪ 네이프 코너 부분에 후 대각 섹션으로 로드 와인딩한다.

3. 홉 스카치

디자인 완성작품

정면

좌측

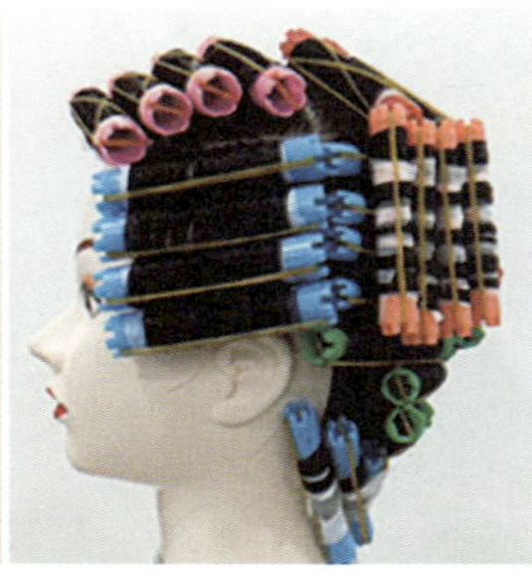

뒷면

우측

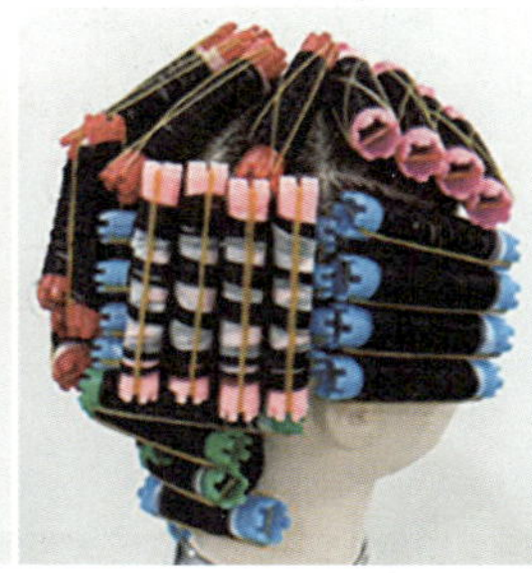

1) 시술과정

① 사진처럼 블로킹을 나눈다.

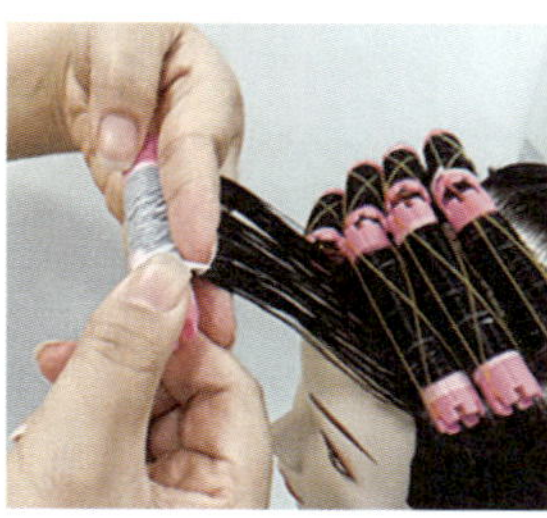

② 프론트 부분에 3호 로드 얼굴방향으로 포워드 와인딩한다.

③ 톱 피봇파팅으로 섹션을 나누어 한 방향으로 와인딩한다.

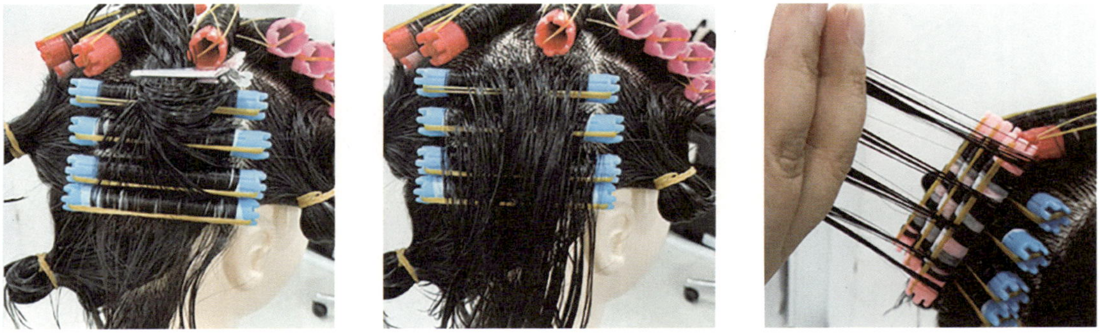

④ 8호 로드로 온 베이스 수평 와인딩한다. 홉 스카치 와인딩으로 위빙수평 와인딩과 7호 수직와인딩을 한다.

⑤ 백센터 4분의 1 원형 와인딩한다.

⑥ 홉 스카치를 하기 위한 방법으로 위빙 수평 8호 와인딩한 후 7호 수직 와인딩한다.

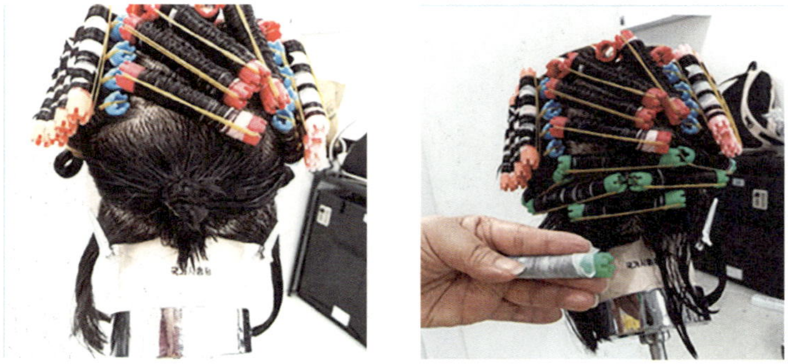

⑦ 네이프 부분 벽돌쌓기 6호 와인딩한다.

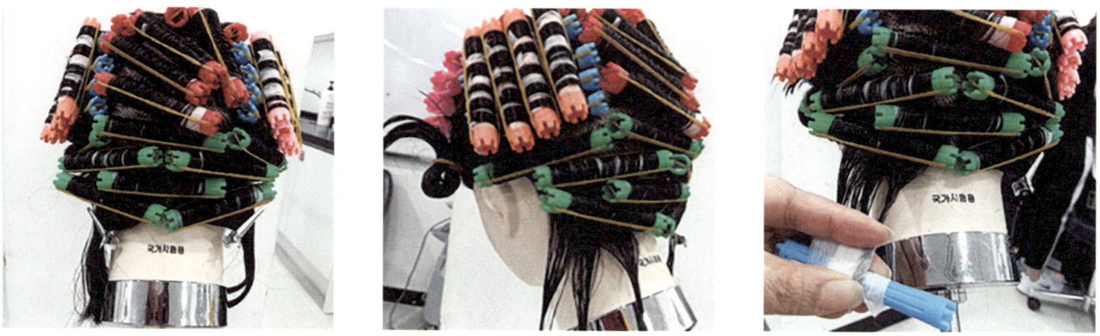

⑧ 양쪽 네이프 코너 8호 트위스트스파이럴 와인딩한다.

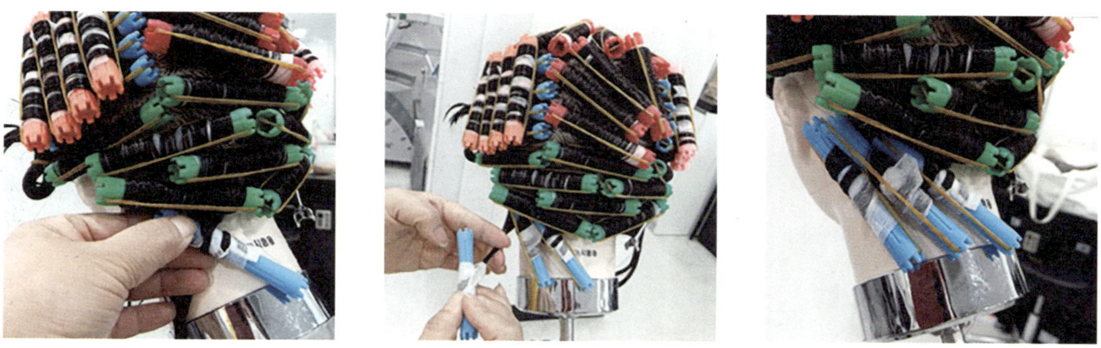

⑨ 모발 끝에서 로드에 한 바퀴 감은 후 돌려 꼬아 모근 가까운 곳까지 와인딩한다.

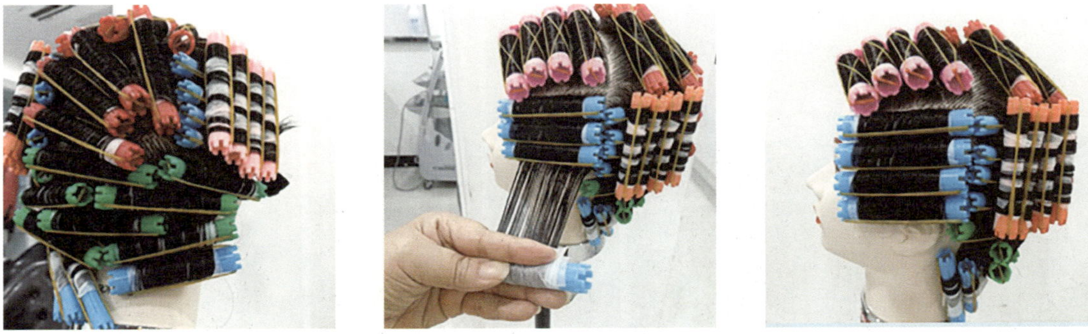

⑩ 양쪽 사이드 4호 수평 와인딩한다.

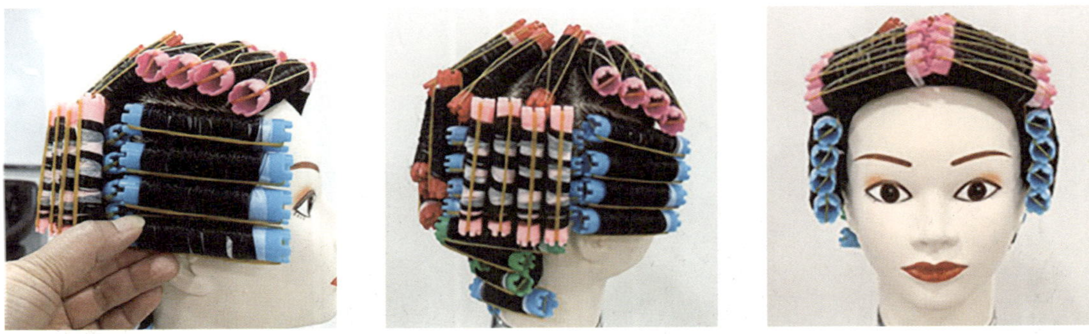

⑪ 완성된 작품

4. 교대 & 윤곽패턴

정면 좌측 뒷면 우측

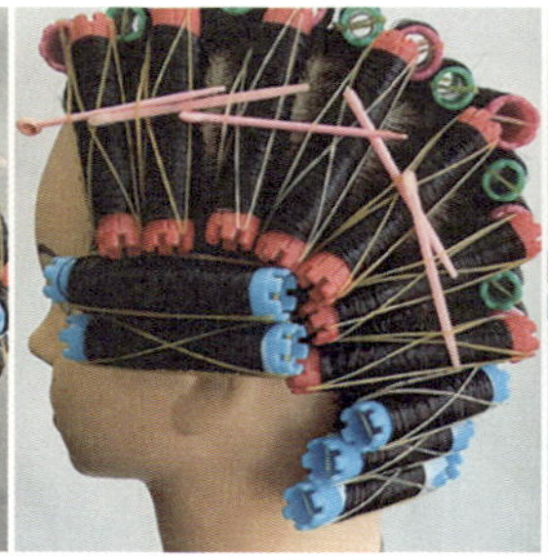
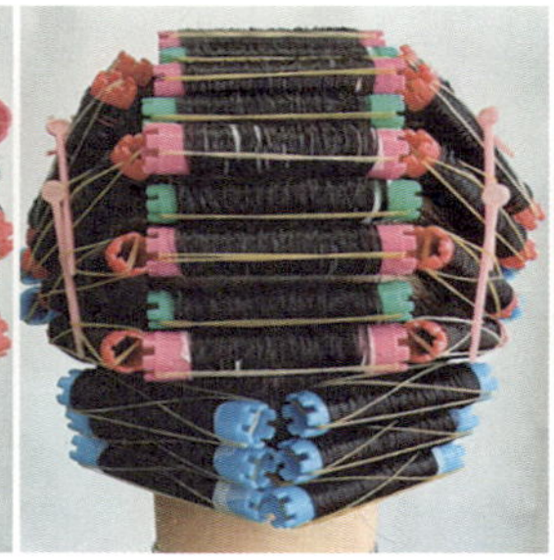
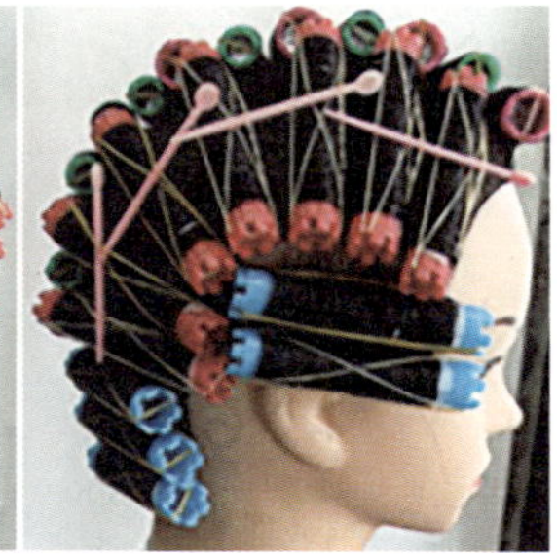

1) 시술과정

정면 좌측 뒷면 우측

① 프론트 앞 부분에 3호 와인딩 6호 와인딩으로 교대한다.

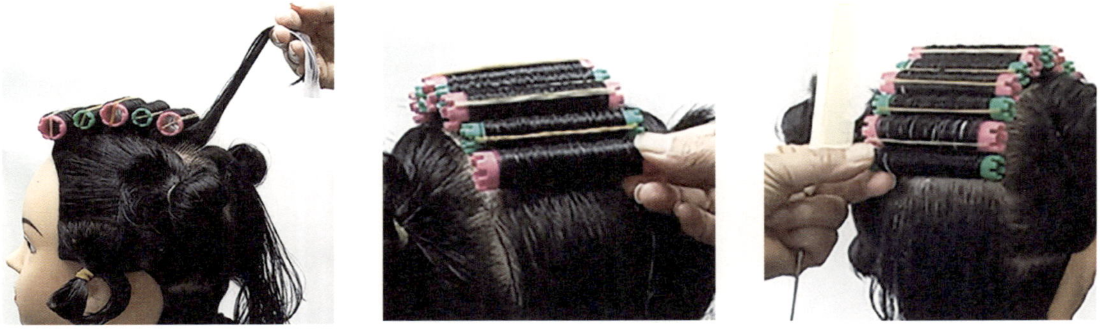

② 로드 너비만큼 섹션을 나누어 곱게 빗질하여 와인딩한다.

③ 골든포인트 아래로 갈수록 각도를 높이 들어 모발 뿌리에서부터 빗질한다.

④ 모발이 빠져 나오지 않도록 파지를 올려 와인딩한다.

⑤ 사이드 윤곽패턴으로 섹션을 나눈다. 리버스 방향으로 5호 와인딩한다.

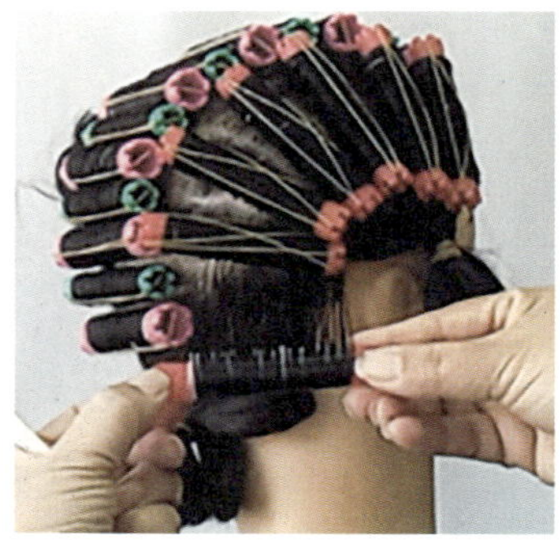

⑥ 파지 아래 모발 끝이 잘 보이도록 물 분무를 적당히 해준다.

⑦ 우측사이드 완성된 작품

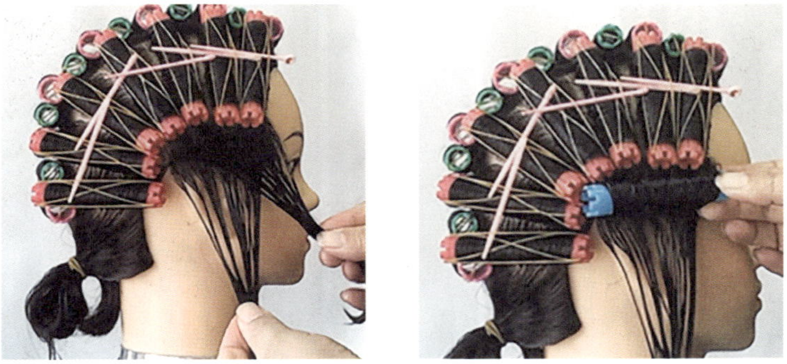

⑧ 우측 사이드 아래 부분 4호 수평 와인딩한다.

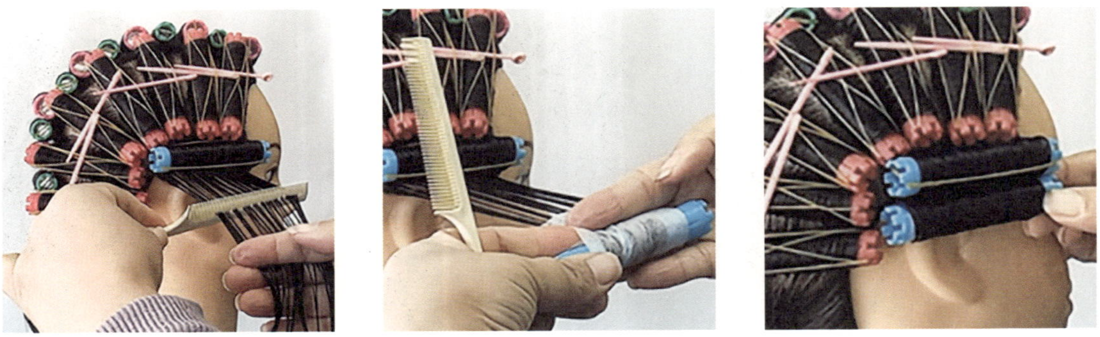

⑨ 모발을 곱게 빗질하여 로드 와인딩하여 고정한다.

⑩ 우측사이드와 같이 좌측도 함께 와인딩한다.

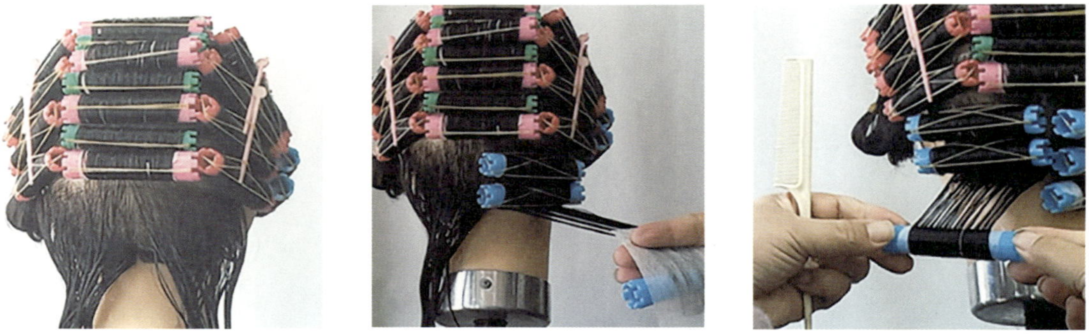

⑪ 네이프 센터기준으로 4호 수평 와인딩한다.

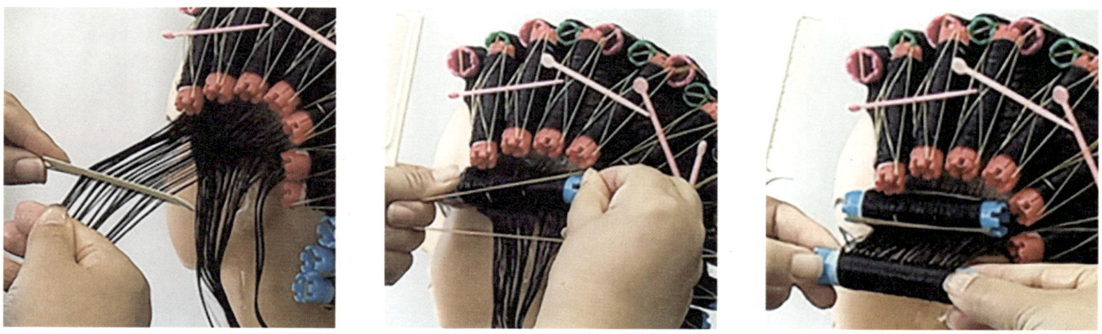

⑫ 좌측 4호 수평 와인딩한다.

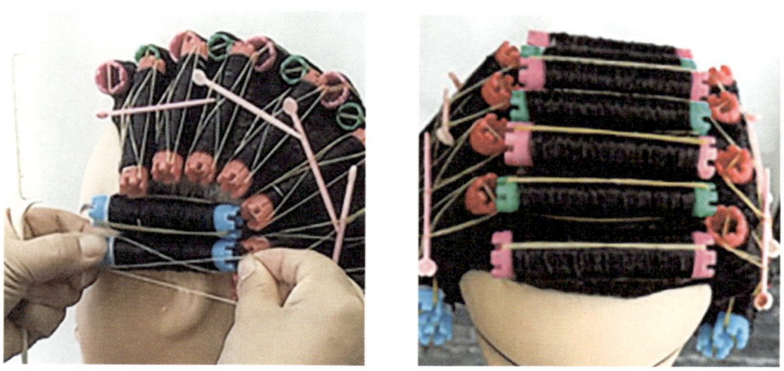

⑬ 고무 밴딩 11자 X로 한다.

5. 사각 & 캔들스틱

정면	좌측	뒷면	우측
	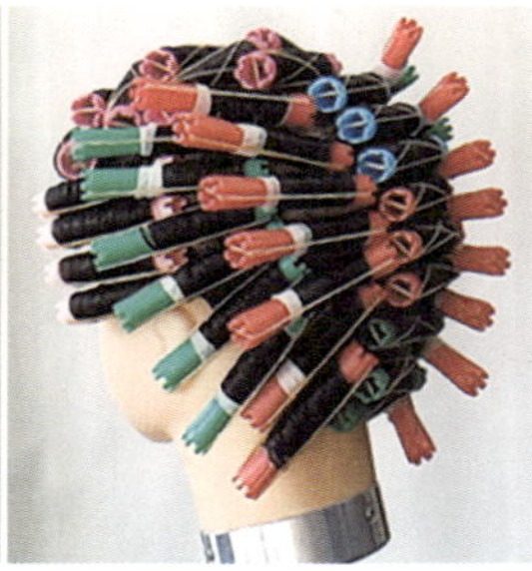	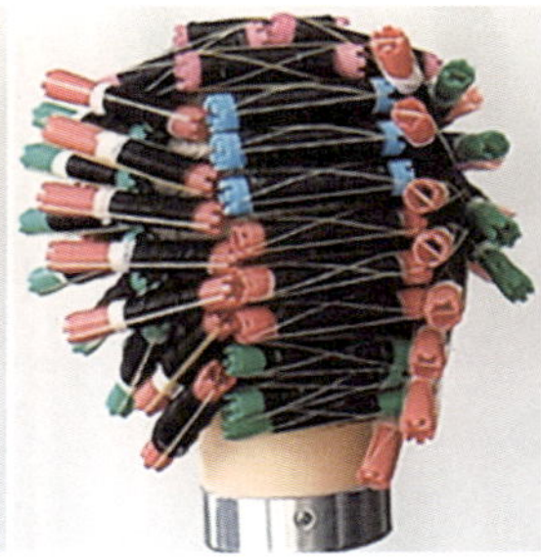	

1) 시술과정

정면	좌측	뒷면	우측

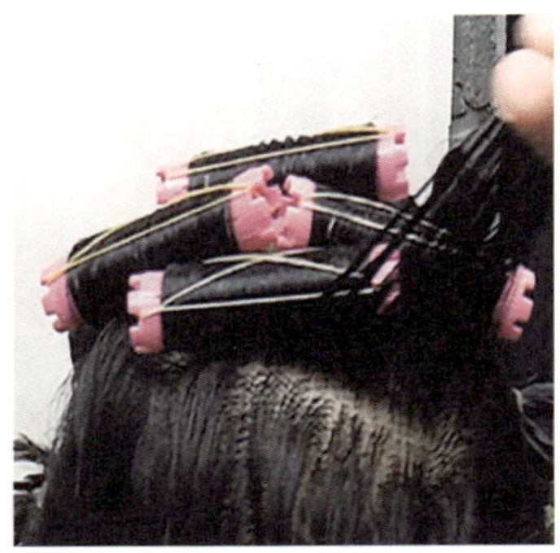

① 골든포인트 부분에서 시작하여 포워드로 3호 로드 와인딩한다.

② 로드 와인딩할 때 고개를 약간 앞으로 숙여 벽돌쌓기 6단 시술한다.

③ 백센터를 중심으로 사각블로킹하여 수평와인딩 4호 3개, 5호 3개, 6호 3개 완성한다.

④ 고무밴딩 11자 X, 4호 3개, 5호 3개, 6호 3개 완성한다.

⑤ 우측사이드와 연결하여 백사이드까지 3부분으로 나눈 다음 5호 8개 완성한다.

⑥ 5호 와인딩할 때 확장원형으로 시술한다.

⑦ 5호 다음으로 6호 4개 펼쳐 캔들스틱으로 완성한다.

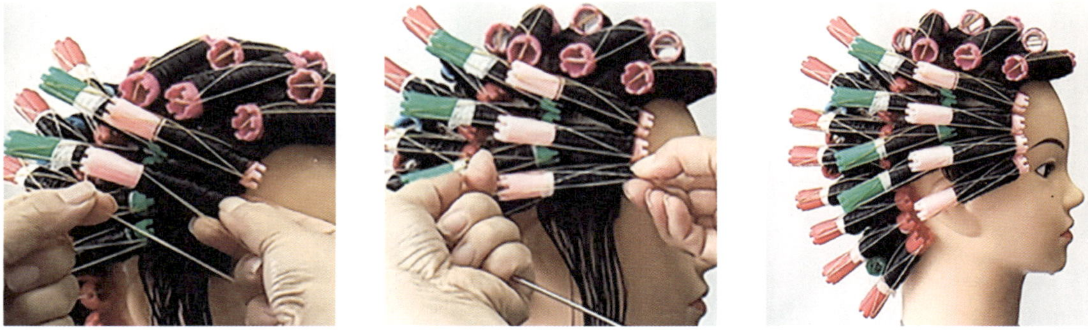

⑧ 6호 다음으로 7호 4개 펼쳐 캔들스틱으로 완성한다.

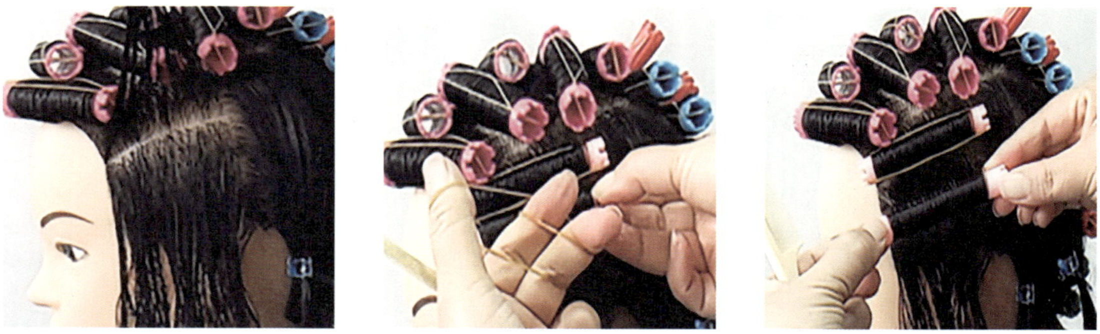

⑨ 좌측 7호 먼저 수평 와인딩을 4개 한다.

⑩ 7호 다음으로 6호 6개를 펼쳐 캔들스틱으로 완성한다.

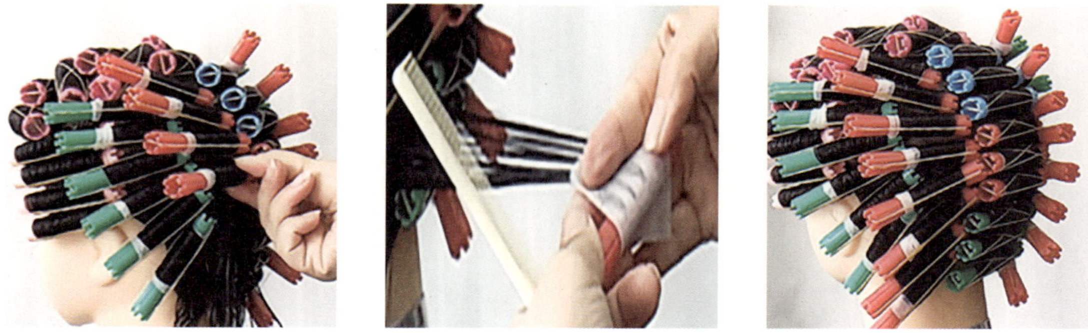

⑪ 6호 다음으로 5호 8개를 펼쳐 캔들스틱으로 완성한다.

6. 더블 와인딩

정면

좌측

뒷면

우측

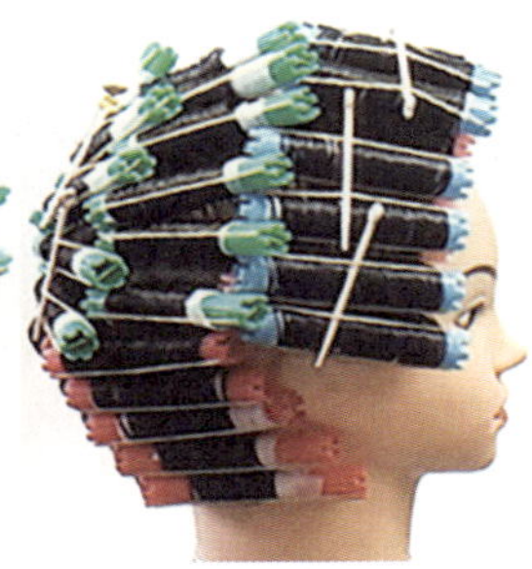

1) 시술과정

정면

좌측

뒷면

우측

① 우측 P.S포인트에서 시작하여 모발한단 남긴 후 7호 로드 와딩으로 반복한다.

② 7호로드 와인딩한 후 남아있는 모발4호 와인딩 하여 7호로드 위에 얹도록 한다.

③ 모발 패널을 곱게 빗질하여 와인딩 완성한다.

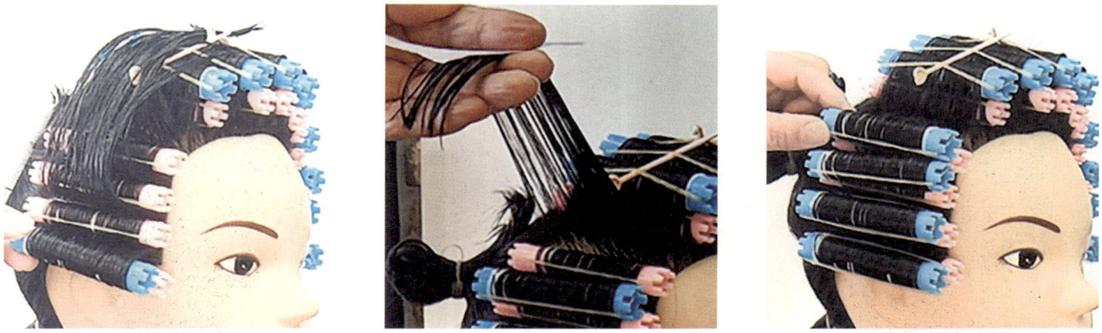

④ 좌측과 동일한 방법으로 로드 와인딩 한다.

⑤ 모발이 로드에서 흔들리지 않도록 스틱으로 고정하여 완성한다.

⑥ 백센터를 기준점으로 우측, 좌측2단 확장 와인딩 한다.

⑦ 좌측 우측 동일하게 와인딩 한다.

⑧ B.P 아래쪽 방향으로 수평와인딩 한다.

⑨ 완성된 작품

PART 6.
파마넌트 웨이브 실전 준비과정

퍼머넌트 웨이브 과정

사회활동이 많아지면서 누구에게나 자신의 욕구를 만족시키기 위해 노력은 아끼지 않는다.

그에 따른 모발의 디자인에 따라 달라져 보이므로 건강한 헤어스타일을 연출하고자 하는 것이다.

1. 퍼머넌트 웨이브 준비

① 고객에게 어깨수건 과 가운을 착용한다.

② 헤어 파마 시술하기 전에 사전 이물질 제거 등 샴푸를 간단하게 한다.

③ 모발길이와 상태에 따라 로드호수, 고무 밴드, 파지, 고무줄, 분무기, 핀셋, 꼬리빗, 약제를 준비 한다.

④ 모발을 사전 전 처리제 도포 및 연화작업을 준비한다.

2. 퍼머넌트 웨이브 주의사항

잘못된 시술은 모발손상을 초래시키며 수명을 단축시키기도 한다. 로드와인딩을 하고자 하는 방향을 확인하여 빗질, 두상의 구조와 골격을 확인하며 볼륨을 높고 낮춤으로 보완한다. 와인딩 시 모발패널의 균일한 텐션유지 모발의 약제를 골고루 도포하여야 하며 파마 시 고객에게 약제가 튀지 않도록 주의를 기울인다. 퍼머넌트 로드 와인딩을 위한 이동식 작업대 에 필요한 도구를 준비한다.

3. 퍼머넌트 웨이브 시술과정

① 상담 : 과거에 시술하였던 이력과 새로운 디자인을 상담 받는다.

② 모발진단 : 고객의 모발을 육안으로 보고 만져 보아 모발건강상태를 체크한다.

③ 사전커트 : 기존모발 상태 확인과 디자인 형태에 맞는 손상된 부분정리가 필요하다고 판단될 경우 사전커트를 한다.

④ 사전 샴푸 : 고객의 모발진단을 위해 가볍게 모발에 쌓여있던 이물질과 각질 등 세정하여 청결한 상태에서 디자인 형태에 맞는 시술을 할 수 있도록 한다.

⑤ 트리트먼트 : 모발 부분에만 도포하여 손상도를 최소화 하며 단백질 보충하여 준다.

⑥ 파마1제 도포 : 모발에 모발 보호제를 보충한 후 약제를 선택하여 모발에 도포한다. 저항성 모발 버진헤어에 약제를 바른 후 열처리 및 자연 방치 후 가볍게 세정한 한다

⑦ 로드 와인딩 : 모발에 파마 1제를 도포하여 모발길이와 디자인 형태에 맞는 로드 를 선정하여 와인딩 한다.

⑧ 헤어밴드 : 약제가 얼굴로 흘러내려오지 않도록 고정한다.

⑨ 스틱꼽기 : 로드와인딩 된 모발에 자국이 생김과 흔들림 방지위해 로드정중앙 고무줄사이에 끼운다.

⑩ 비닐 캡 사용 : 파마1제를 바르고 와인딩이 끝나면 두피체온유지로 부터 산화방

지 증발을 막기 위해 비닐캡을 씌운다.

⑪ 열처리 : 모발진단에 따른 건강 모 또는 버진헤어는 시간단축으로 자연방치 와 열처리 8~15분 한 후 자연 방치한다.

⑫ 중간 테스트 컬 : 퍼머넌트 웨이브 작용을 확인방법으로 백센터 부분에 로드 1~2개 풀어보아서 컬 웨이브 탄력을 확인한다.

⑬ 중간세척 : 웨이브테스트 컬이 확인되면 샴푸대로 이동하여 1제 알칼리성 잔류를 미지근한 물로 헹구어 중간 세척하여 물기를 타월로 닦아 준다.

⑭ 산화2제 도포 : 1제 환원 작용을 멈추게 하는 방법으로 알칼리 성분을 중화시켜 2제 중화도포한다.

⑮ 로드제거 : 중화시간타임이 끝나면 중화제가 시술자와 고객에게 튀지 않도록 주의하면서 로드를 모발에서 풀어준다.

⑯ 산성린스 세정 : 로드를 제거하여 두피모발에 약제가 남아있지 않도록 미지근한 물에 파마 1제와 산화 2제를 세정하여 준다.

⑰ 타올건조 : 샴푸세정이 끝나면 타월로 모발과 두피사이사이를 물기를 제거 해준다

⑱ 손질제안 : 헤어스타일링 마무리 단계에 고객에서 손질 방법과 헤어 스타일링제 도포방법을 설명한다.

1) 일반파마

모발 끝부분에서부터 모근 안쪽으로 와인딩하는 기법

정면 우측 뒷면 좌측

(1) 시술과정

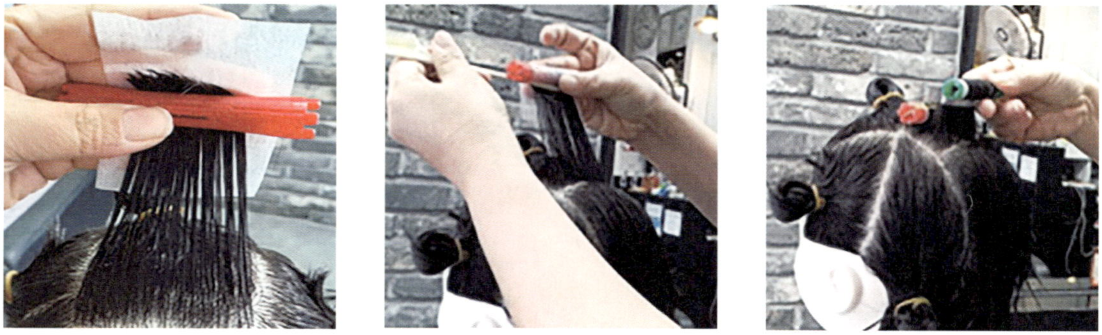

① 백센터 중심으로 톱에서부터 5호, 6호 혼합하여 볼륨의 크고 작음을 완성한다.

② 로드 하나반지름으로 수평섹션 와인딩한다.

③ 백 포인트 아래부터 모발길이에 따른 7호 로드를 수평와인딩한다.

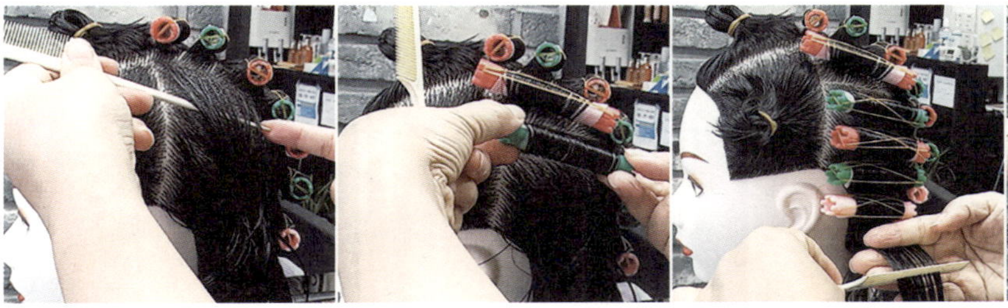

④ 좌측사이드 사선섹션으로 모발 빗질과 결이 엉키지 않도록 하여 모발끝에서부터 모근까지 와인딩한다.

⑤ 두상각도 90도 와인딩한다.

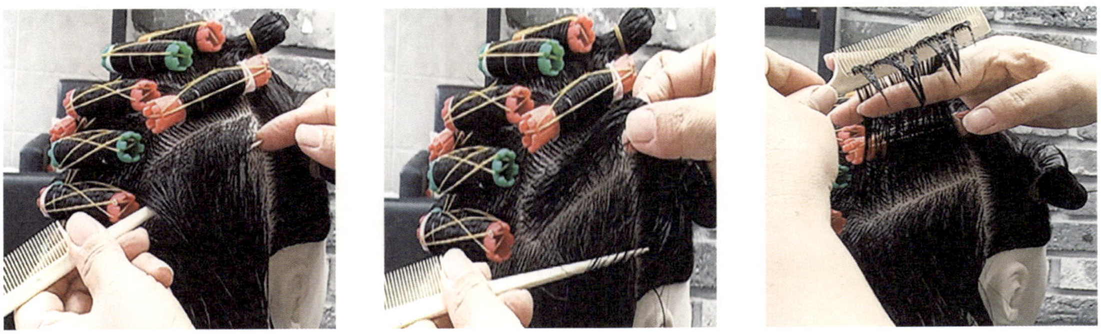

⑥ 꼬리부분을 이용하여 반대편 손가락 만나는 지점 섹션을 나누면 쉽게 나누어진다.

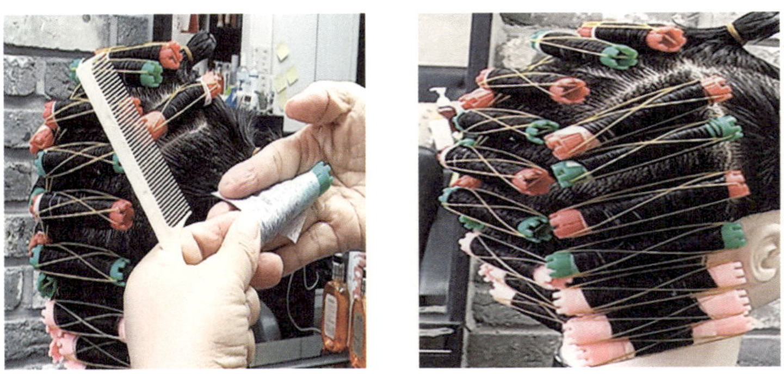

⑦ 모발 끝부분이 파마 1제에 의해 구겨지지 않도록 모발 끝부분이 보이는 부분부터 와인딩한다.

⑧ 모발에 파지를 감싸 로드와인딩하며 고무밴딩으로 인하여 모발자국에 주의한다.

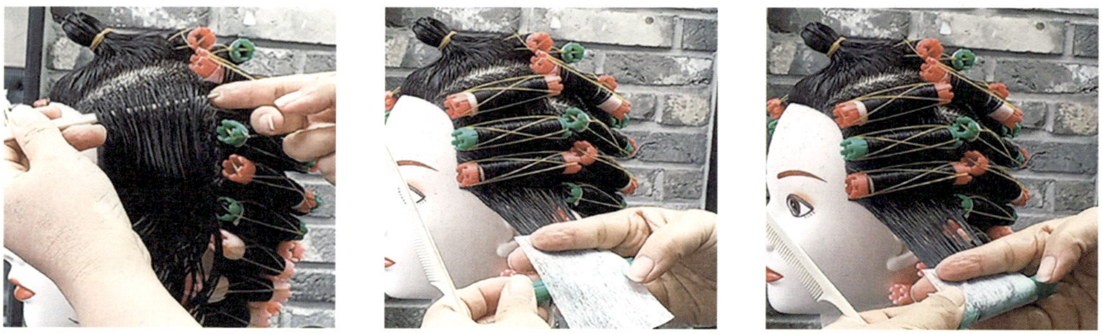

⑨ 섹션을 나눌 부분에 반대편 손가락을 이용하여 쉽게 섹션을 나눌 수 있도록 한다.

⑩ 앞머리 프론트 3등분하여 컬이 굵고 자연스럽도록 로드 1호 4분의 1원형으로 와인딩한다.

⑪ 좌측, 우측 수평섹션을 크로키놀식 와인딩한다.

⑫ 와인딩 된 모발에 스틱을 꼽은 후 약제로부터 흘러내림을 방지하기 위해 헤어라인 쪽으로 헤어밴드를 한다. 두피체온 유지와 산화방지 증발을 막기 위해 비닐캡을 씌운다.

⑬ 시간타임이 된 후 1제 환원작용을 멈추게 하는 방법으로 2제 중화 도포한다.
중화 시간 지난 후 로드 제거와 샴푸 세정하여 타월 드라이 한 다음 디자인 완성한다.

2) 스파이럴디자인 파마

웨이브가 뜨지 않으면서 긴 모발에 굵고 자연스러운 웨이브 컬을 원할 때 사용한다.

정면

우측

좌측

후면

(1) 시술과정

① 블로킹을 나누어 순번대로 아래에서 위로 와인딩 시술한다.

② 수직섹션을 나누어 모발이 빠지지 않도록 하여 6호 로드 선정하여 와인딩한다.

③ 백센터를 중심으로 빗질하여 우측좌측 와인딩한다.

④ 첫 번째 단이 완성한 후 두 번째 단으로 이동하여 우측좌측 곱게 빗질하여 완성한다.

⑤ 로드지름만큼 섹션을 나누어 모발결을 정리하여 디자인 완성한다.

⑥ 모발결을 꼬리 빗을 이용하여 파지에 감겨 로드 와인딩하며 고무 밴딩하여 고정한다.

⑦ 골든백 미디움 포인트 부분에는 두상의 각도를 맞추어 수직섹션 와인딩한다.

⑧ 골든포인트 부분에는 방사선 섹션으로 확장원형 5호 와인딩한다.

⑨ 우측사이드 리버즈 방향으로 5호 와인딩한다.

⑩ 사이드 이단으로 나누어 겹겹이 와인딩한다.

⑪ 좌측사이드 이단으로 나누어 리버즈 방향으로 5호 와인딩한다,

⑫ 프론트 앞머리모양은 포워드 방향으로 4호 와인딩 하여 굵고 자연스럽게 볼륨을 표현한다.

3) 트위스트 파마

과거 연예인 김희선 머리로 많이 하였던 발랄해 보이면서 도도한 도시적 외적표현으로서 풍성한 볼륨웨이브로 강한 컬을 원하고자 할 때 많이 사용한다.

정면 우측 좌측 후면

(1) 시술과정

정면 우측 좌측 후면

① 아랫단부터 시작하여 모발 판넬을 손가락을 이용하여 한 바퀴 돌린 후 모근에서부터 로드에 돌려 와인딩한다.

② 포워드 방향으로 8호 로드와인딩 한다.

③ 모근에서부터 와인딩하여야 뿌리 볼륨과 강한 웨이브를 표현할 수 있다.

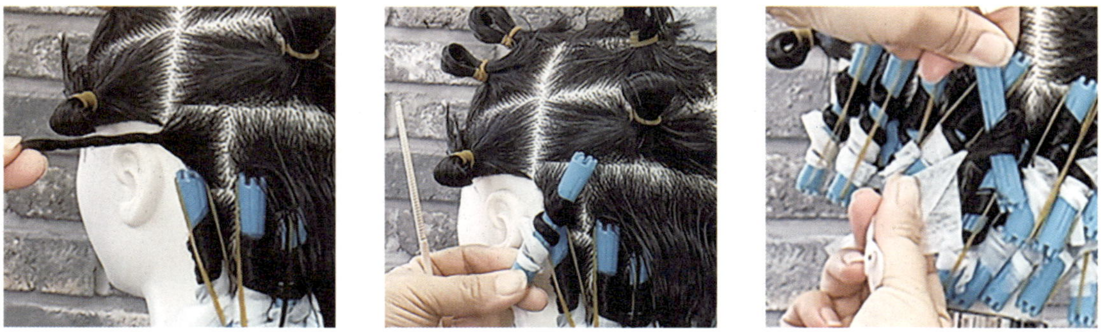

④ 모발을 감싼 파지가 빠지기 쉬우므로 적당한 길이가 남아있을 때 파지와 함께 감싸 고무밴딩하여 고정한다.

⑤ 백 포인트 8호 와인딩된 모습

⑥ 3번째 단부터는 좀 더 부드러움을 표현하고자 7호를 와인딩하여 준다.

⑦ 백센터를 중심으로 포워드 방향으로 로드 와인딩한다.

⑧ 골든포인트 센터 가르마를 커버하기 위한 방법으로 방사선으로 섹션을 나눈다.

⑨ 정수리 부분에 모발이 짧은 관계로 8호 로드를 와인딩한다.

⑩ 모발 판넬을 한 바퀴 돌려준 다음 모근에서부터 모발 끝까지 로드 와인딩한다.

⑪ 두 번째 단은 리버즈 방향으로 와인딩한다.

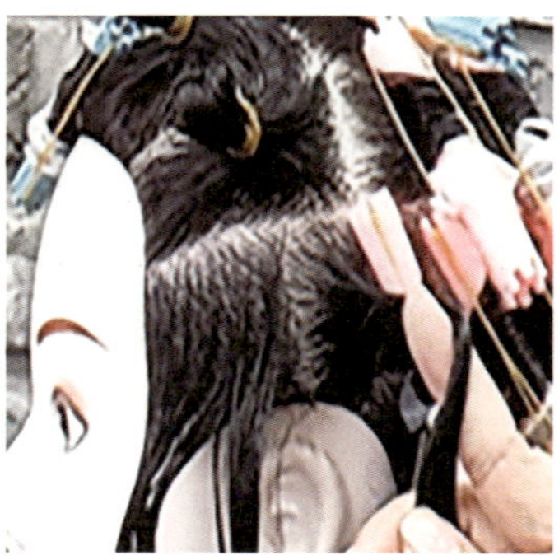

⑫ 반대편도 같은 방법으로 와인딩 완성한다.

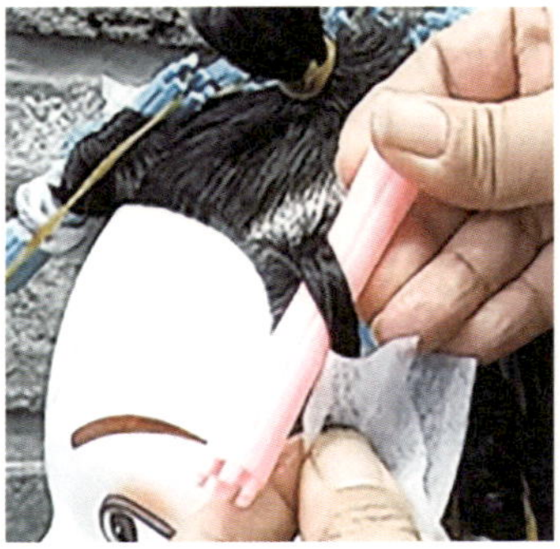

⑬ 리버스 방향으로 와인딩 한다.

⑭ 앞머리 센터부분에도 리버스 방향으로 와인딩하여 모발의 결이 뒤로 향한 웨이브를 표현한다.

4) 벽돌쌓기 드라이 파마

모발길이가 짧고 가늘며 숱이 적은 모발에 적합한 볼륨을 표현한 웨이브라 할 수 있다.

정면

우측

좌측

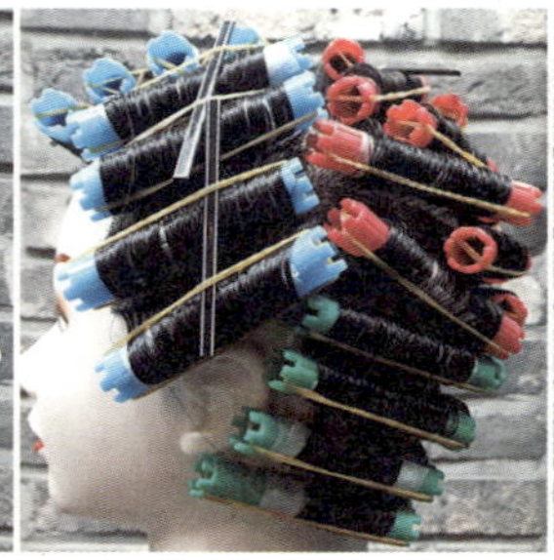

후면

(1) 시술과정

정면

우측

좌측

후면

① 골든포인트 중심으로 벽돌쌓기 기법으로 5호 로드 와인딩한다.

② 로드와인딩할 때 가르마가 생기지 않도록 주의하며 로드 사이사이 와인딩한다.

③ 모발을 감아 고무밴딩 고정할 때 모발에 화학약으로부터 자국이 생기지 않도록 주의한다.

④ 백 포인트 아랫부분으로부터 수평 6호 로드 와인딩한다.

⑤ 백센터 수평 와인딩을 완성한 후 좌측 수평와인딩한다.

⑥ 네이프 6호 와인딩된 모습

⑦ 백센터 좌측우측을 완성한다.

⑧ 우측사이드 전대각 섹션을 나누어 4호 와인딩한다.

⑨ 좌측도 동일한 방법으로 와인딩한다.

⑩ 프론트 포워드방향으로 4호 수평 와인딩한다.

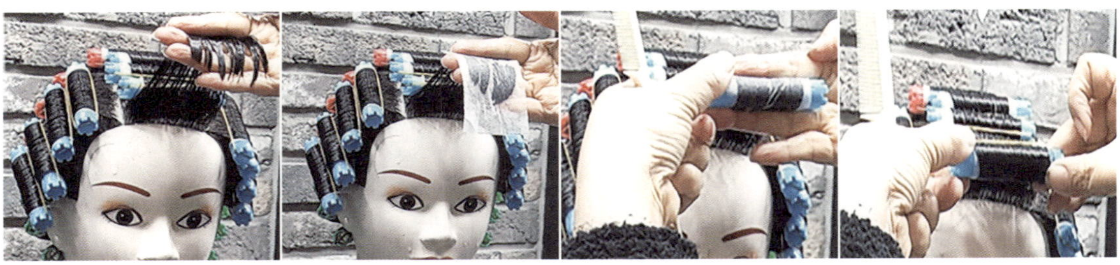

⑪ 90도 빗질하여 모발끝부분부터 모근쪽으로 와인딩한다.

5) 롤 스트레이트 파마

짧은 모발에 볼륨을 형성시키고 손질하기 쉬운 방법으로 모발 숱이 적은 모발에 적합하며 젊은층보다는 연대가 있으신 분들에게 어울리는 스타일이다.

(1) 인컬

① 시술과정

정면 우측 좌측 후면

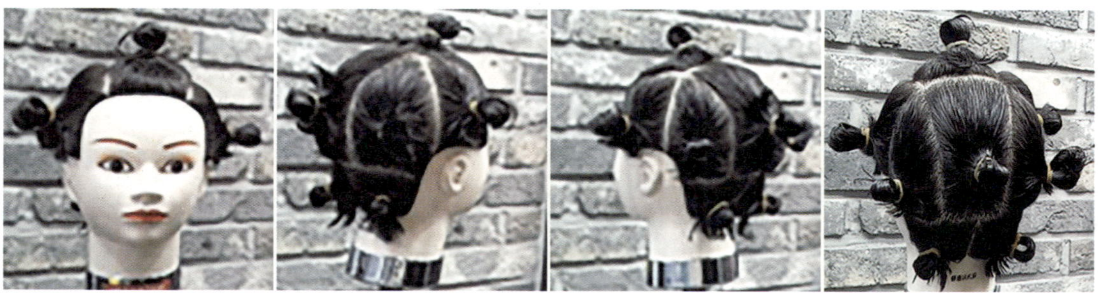

정면 우측 좌측 후면

① 네이프 부분에는 폭이 좁은 관계로 백센터로 좌우 블로킹을 나눈 후 로드 지름만큼 섹션을 나누어 와인딩 한다.

② 롤 스트레이트는 로드의 크기만큼 모발섹션을 크게 나누어 120도 안마름 볼륨 와인딩한다.

③ 로드의 지름이 크는 만큼 파팅도 넓게 하는 게 볼륨이 유지된다.

④ 좌측사이드 볼륨을 주기 위한 파팅 또한 크게 나누어 안마름 한다.

⑤ 우측도 동일한 방법으로 와인딩하여 고무밴딩을 X로 한다.

⑥ 프론트 포워드 방향으로 X밴딩한다.

② 아웃 컬

짧은 모발에 시술 시 웨이브가 바깥으로 뻗치게 바깥말음이 되도록 네이프에 아웃컬 로드 와인딩하는 인텐테이션이라고도 한다.

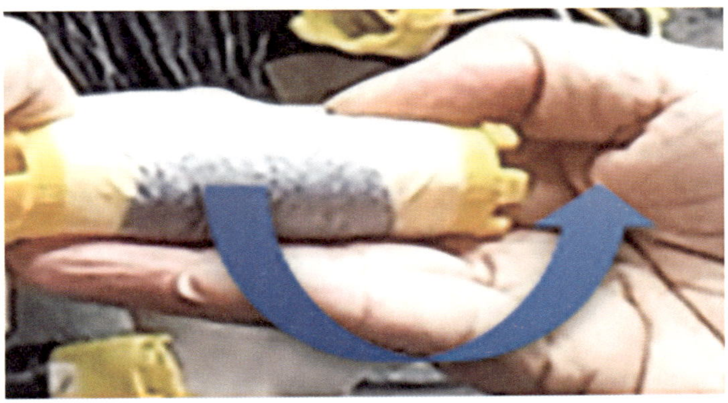

① 백포인트 위로 로드 와인딩할 때 안마름하여 두피의 볼륨을 넣어주며 백포인트 아래로는 바깥말음이 되도록 모발판넬 위에 로드를 올려 와인딩한다.

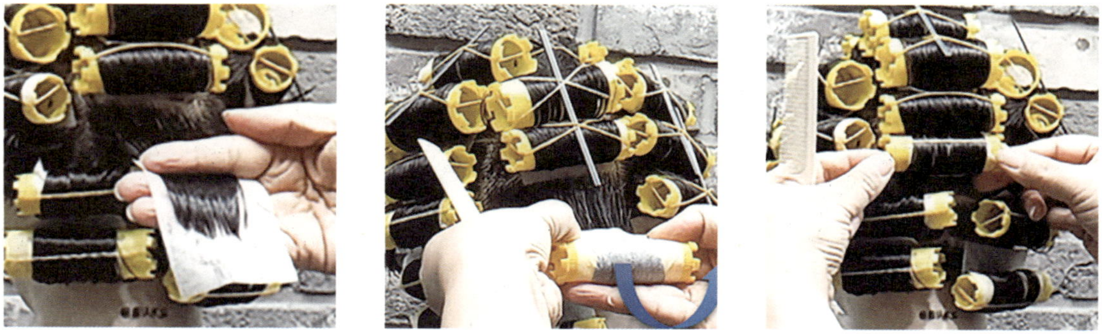

② 모발을 빗질하여 모발아래 파지를 놓은 다음 롤 로드를 올려 겉마름 한다.

③ 겉마름을 완성한 후 모발이 고정할 수 있도록 스틱을 꼽는다.

6) 스트레이트 파마

곱슬머리를 곱게 펴주는 방법으로 스트레이트 판에 모발을 고정한다.

정면	우측	좌측	후면
			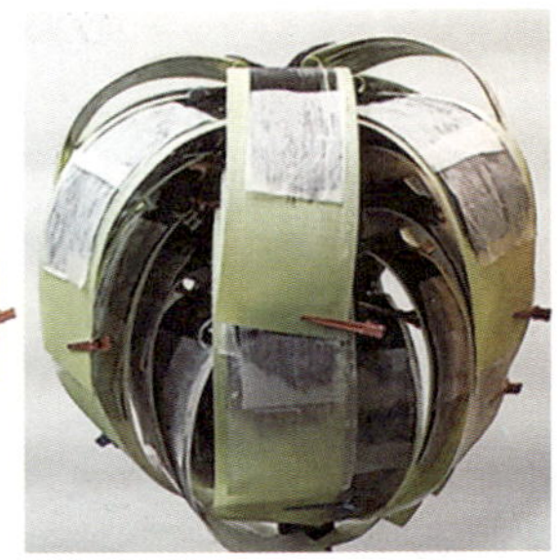

(1) 시술과정

정면	우측	좌측	후면
	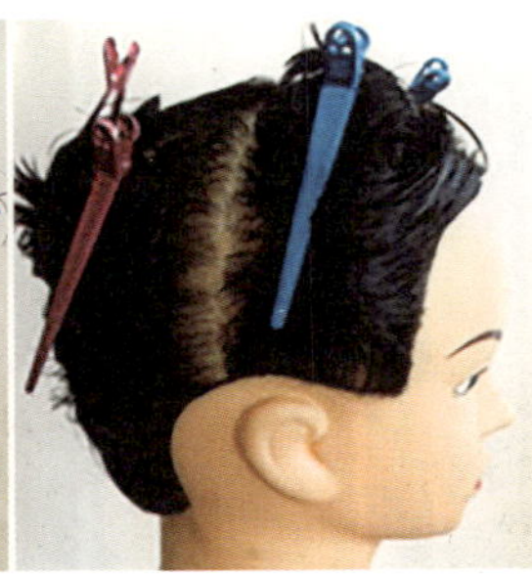	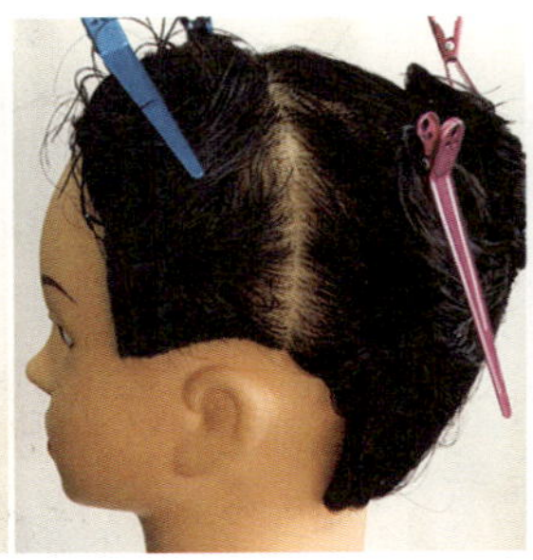	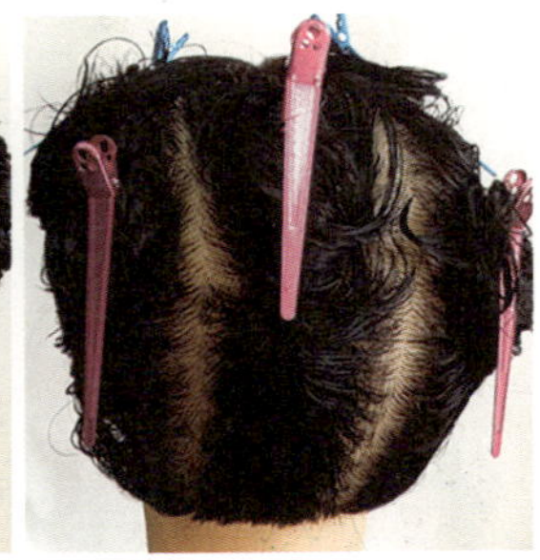

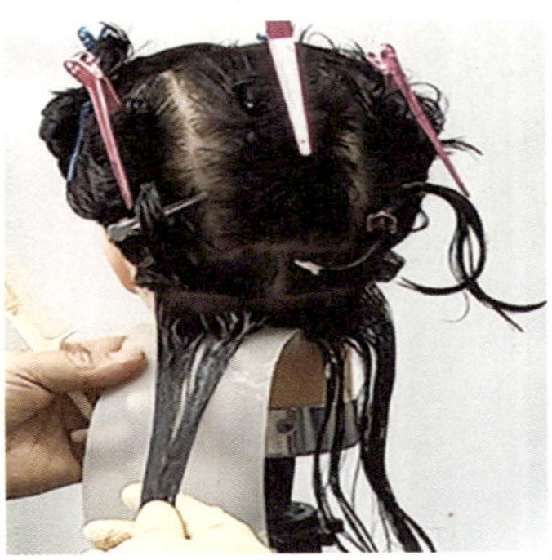

① 모발에 팩을 펴 발라 빗질한 다음 스트레이트 판에 모발을 올려 판에 고정한다.

② 스트레이트 판에 모발을 올려 빗질한다.

③ 스트레이트 판에 모발을 고정하여 파지를 올려붙인다.

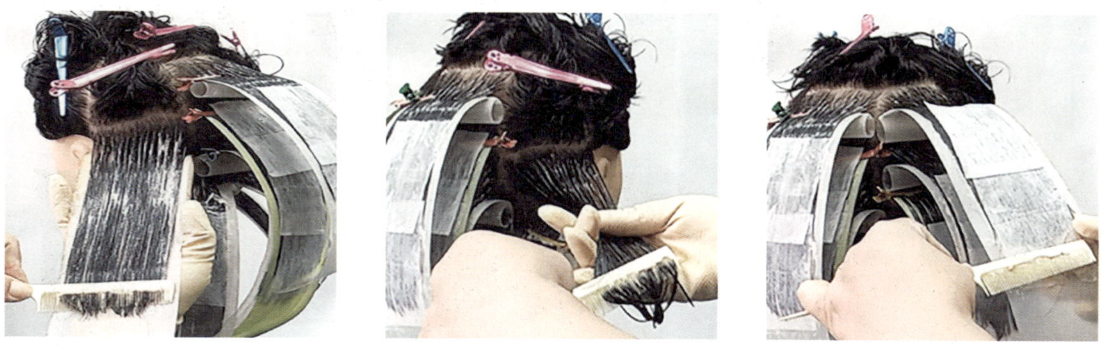

④ 섹션을 나눈 모발을 빗질하여 스트레이트 판에 모발을 올려 판에 붙도록 빗질하여 고정한다.

⑤ 골든포인트에 삼각섹션으로 나누어 시술 고정한다.

⑥ 사이드 모발 1.5cm 섹션으로 나누어 스트레이트 판에 모발이 고정하도록 빗질해준다.

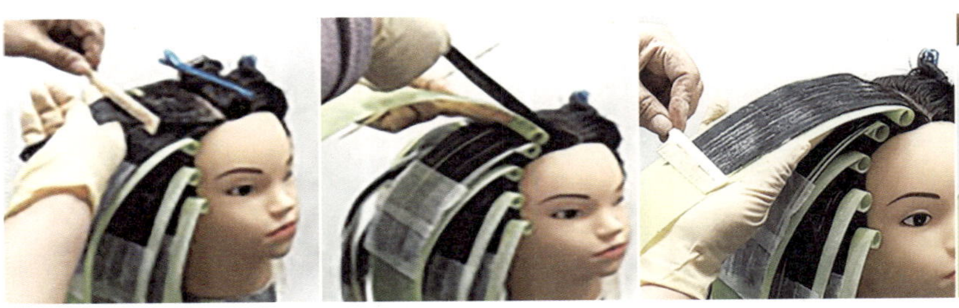

⑦ 모발을 들어준 다음 판을 모발 뿌리 가까운 곳에 고정한다.

⑧ 판에 모발을 고정을 시킨 후 파지를 올려놓는다.

⑨ 좌측 부분에도 우측과 동일하게 시술하여 준다.

⑩ 판에 모발을 올린 후 스트레이트 판에 고정한다.

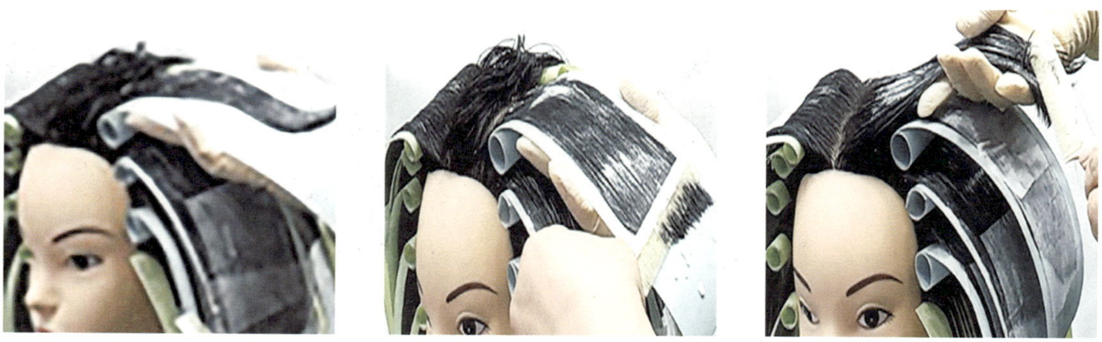

⑪ 판에 모발을 올려 빗질하여 주며 다른 한 손으로는 판이 움직이지 않도록 잡아주는 역할을 한다.

⑫ 모발을 판에 올릴 때는 각도를 높여 스트레이트판에 고정하여 시술한다.

6-1) 롤 스트레이트 파마

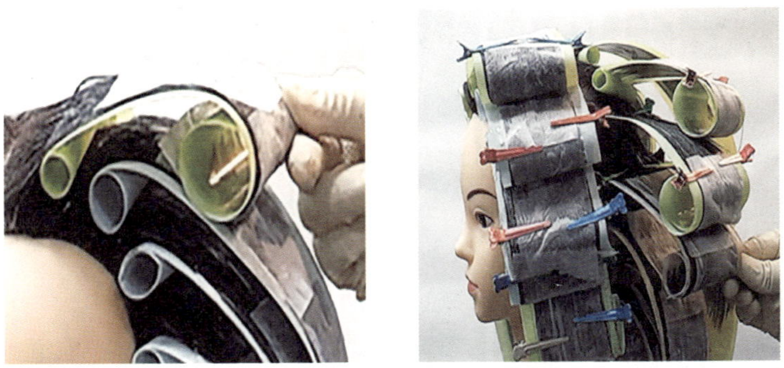

① 스트레이트를 완성한 후 모발 끝부분을 안으로 돌돌 말아주는 기법으로 풀리지 않도록 핀컬핀으로 고정한다.

② 모발 끝을 안으로 말아주게 되면 위 부분은 모발이 곱게 펴지면서 끝으로는 안 마름이 된다.

7) 나이아가라 파마(다이렉트)

모발을 기구 판에 모발을 넣어서 압착하는 방법으로 강한 컬을 나타내며 모발 숱이 많아 보이게 하는 장점이 있다. 단점으로는 강한 압력으로 모발을 손상될 우려가 있으므로 주의한다.

정면

우측

좌측

후면

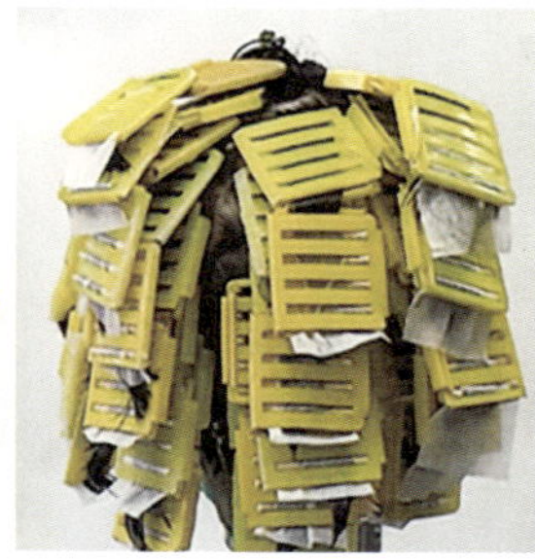

(1) 시술과정

정면

우측

좌측

후면

① 모발을 빗질하여 텐션을 유지하면서 기구 판을 벌려 모발을 얹은 후 닫아 고정한다.

② 모발 끝부분에는 파지를 올려 기구에 고정한다.

③ 모발 지그재그 섹션을 나눈 후 기구판에 고정하여 완성한다.

④ 두상 위로 갈수록 모발 각도를 들어 기구판에 모발이 꺾이지 않도록 주의한다.

⑤ 압착할 때도 모발텐션을 유지하여야 한다.

⑥ 나머지 부분에도 빗질하여 파지 올려 기구판으로 고정한다.

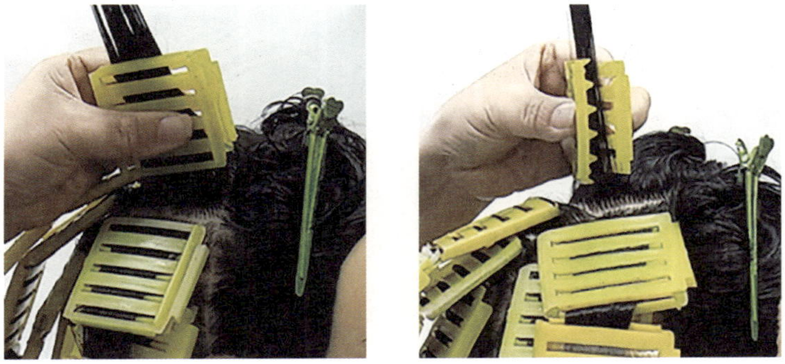

⑦ 두상 위로 갈수록 모발 90도 각도 유지하여 완성한다.

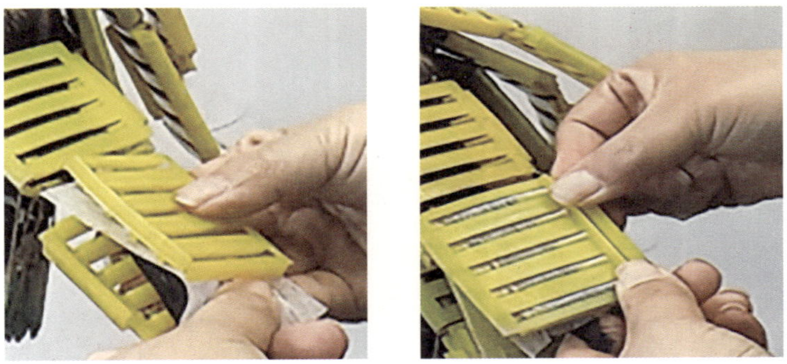

⑧ 기구판이 잘 닫도록 힘을 주어 눌러준다.

⑨ 수평섹션으로 빗질 후 기구판에 고정한다.

⑩ 모발 끝부분에 파지를 올려 모발 구김을 방지한다.

⑪ 좌측도 우측과 동일하게 시술한다.

⑫ 완성된 모습

8) 매직스트레이트 파마

정면 우측 좌측 후면

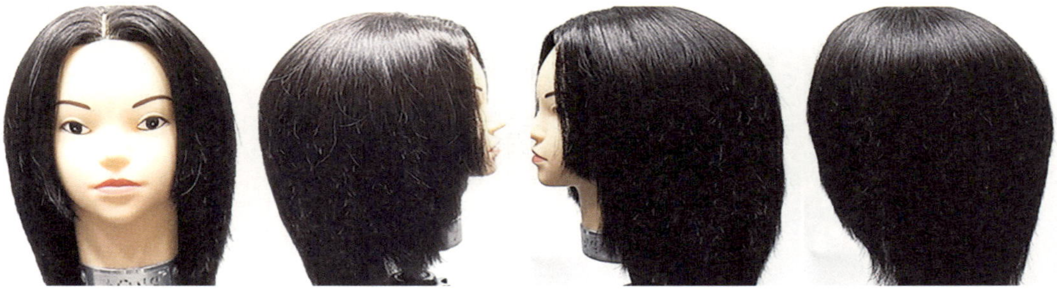

(1) 시술과정

정면 우측 좌측 후면

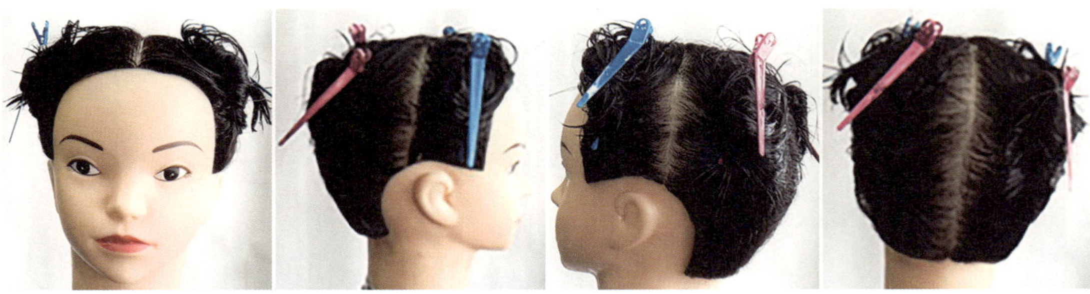

① 블로킹을 나눈 후 두상 아랫부분부터 1제약을 도포하여 준다.

② 1제약을 도포한 다음 시간방치를 하여 모발연화작업이 끝난 모발을 충분히 헹구어 준다.

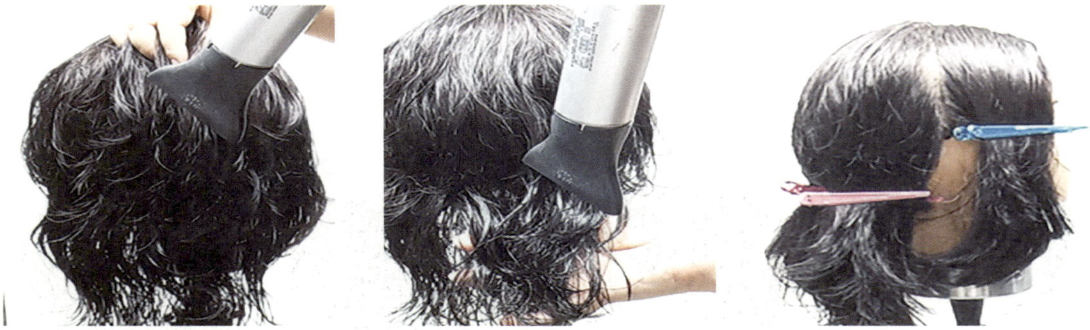

③ 물로 충분히 세정한 모발을 수분 건조시킨다.

④ 모발연화 작업이 끝나면 모발 보호제를 발라준 다음 네이프 부분부터 시술하기 시작한다. 이때 모발상태에 따라 온도 140~180도 조정하여야 한다.

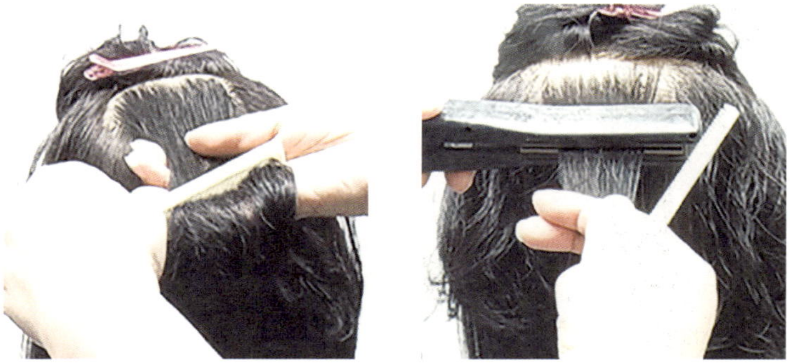

⑤ 모발 판넬을 고정하여 다림질한다,

⑥ 모발이 뜨거울 수 있으므로 모발을 빗으로 고정하여 시술하여도 된다.

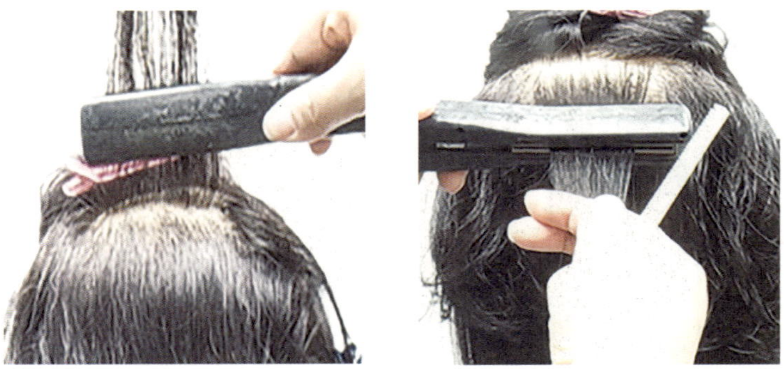

⑦ 두상 위로 올라갈수록 모발 판넬을 90도 고정하여 뿌리구김이 없도록 시술한다.

⑧ 사이드 모발 수평섹션으로 나누어 모발텐션을 유지하여 다림질 한다. 이때 모발 끝부분까지 천천히 다려주어야 한다.

⑨ 모발판넬을 천천히 여러번 나누어 반복적으로 다림질하여 준다.

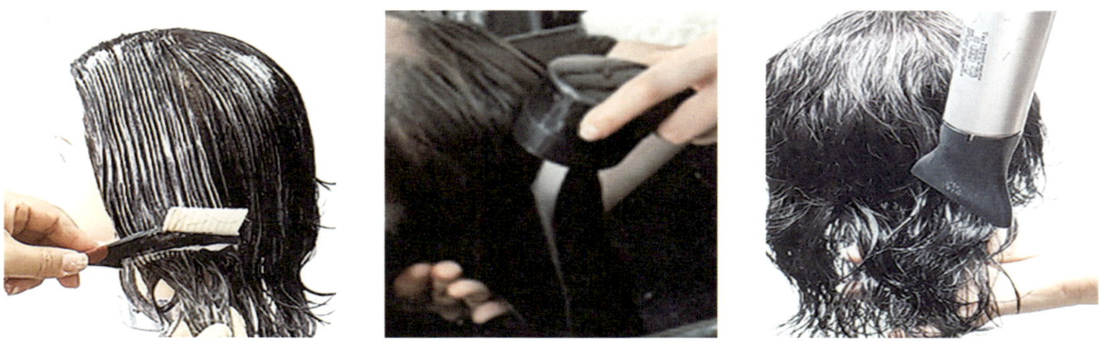

⑩ 산화2제가 흘러내리지 않도록 크림용 중화를 도포한다. 방치시간 타임이 끝나면 산성샴푸로 세정하여 드라이어로 모발의 물기를 제거한다.

⑪ 네이프 부분부터 다시 한번 다림질하여 디자인 완성한다.

9) 세팅 파마

10) 직화 파마

퍼머넌트 고객관리 카드

* 작성 날짜 :　　　　　　　　* 디자이너 명 :

<table>
<tr><td>성 명
(남 여)</td><td></td><td>생년월일</td><td colspan="2"></td><td>전화</td><td colspan="2"></td></tr>
<tr><td>E – MAIL</td><td colspan="3"></td><td>주소</td><td colspan="3"></td></tr>
<tr><td>외형적인
특징</td><td colspan="7"></td></tr>
<tr><td>이전시술</td><td colspan="7"></td></tr>
<tr><td rowspan="2">모발진단</td><td>모발길이</td><td colspan="3">(쇼트)　(미디 움)　(롱)</td><td>모량</td><td colspan="2">(많음)　(보통)　(적음)</td></tr>
<tr><td>모발 손상</td><td colspan="2">(상)　(중)　(하)</td><td colspan="2">파마 이력</td><td colspan="2">(유)　(무)</td></tr>
<tr><td>웨이브 파마
결정</td><td colspan="7"></td></tr>
<tr><td>와인딩 방법
(로드선정)</td><td colspan="4"></td><td>방치시간</td><td colspan="2">1제 :
2제 :</td></tr>
<tr><td>고객만족도</td><td colspan="4"></td><td>홈 케어
추전상품</td><td colspan="2"></td></tr>
<tr><td>요 금</td><td colspan="2"></td><td>비 고</td><td colspan="4"></td></tr>
</table>

참고문헌

김관옥 외 2인(2013). 베이직 퍼머넌트 웨이브. 구민사.

김동분 외 1인(2014). 파마 디자인 프로세스. 훈민사.

김보경, 정미영(2003). The Best 파마. 훈민사.

김세옥 외 2인(2013). 기본퍼머넌트 정석. 구민사.

김송희(2021). 기초헤어스타일링 연출. 구민사.

김승재 외 5인(2012). 미용장 마스터. 푸른출판사.

김옥연 외 7인(2013). 미용문화사. 메디시언.

김주섭(2021). 헤어미용학 개론. 구민사.

이재숙 외(2020). 베이직 헤어 퍼머넌트 프로. 구민사.

최영희 외 3인(2015). HAIR 파마 waver Terchnic. 광문각.

AMOS. HAIB STORY. PROFESSIONAL